FOOD DICTIONARY

Sophistication and Knowledge of Food
for Gourmand.
The Pleasures of the Table!!

咖啡

The Basic of

COFFEE

Nice!

CONTENTS

FOOD DICTIONARY | COFFEE

1

認識咖啡豆

2

如何選擇咖啡豆

〔 成就一杯美味的咖啡 〕

The basics of Coffee

咖啡豆的基礎知識

Do you know me?

咖啡豆會因品種、產地而有不同的個性，
再依烘焙程度使得風味產生變化。
就讓我們來認識咖啡豆，學習挑豆的技巧吧！

監修：P6～19 丸山健太郎（丸山珈琲）（→P96）、P20～21 WILD珈琲（→P80）
攝影：P6～19 是枝右恭

1

解開一顆咖啡豆裡所隱藏的祕密

認識咖啡豆

學習關於咖啡豆的品種、產地、熟成、大小，
以及烘焙與磨豆方法等基礎知識，
是找尋優質好豆、喝到美味咖啡的第一步！

具備了不同品種、產地等基礎知識，在比較不同莊園時，就能體會差異帶來的樂趣。

咖啡因產地而千差萬別 首先就從品種看起

種植咖啡樹的條件是要在年均溫20℃左右、成長期能有充分雨量的地區。因此在赤道上下的熱帶、亞熱帶地區盛行咖啡的栽種。

作為飲品而大量流通的咖啡豆，可粗分為阿拉比卡（Arabica），以及羅巴斯塔（Robusta，是為中果咖啡〔Canephora〕之一）兩大品種。在咖啡業界被認為是好咖啡豆的，幾乎都是阿拉比卡種，而日本自家烘焙的咖啡店所使用的咖啡豆，可說幾乎百分之百都是阿拉比卡種。

阿拉比卡種的原始產地為非洲的衣索比亞，現在以巴西、哥倫比亞為主要產地，中美洲、亞洲也有

可大量栽種的狂野之味

ROBUSTA

羅巴斯塔種

有很強的抗蟲害力，可在低海拔地生長，因而有穩定的產量。具有獨特的泥土味，不適合直接飲用，被少量混搭用於義式濃縮（expresso）之中，可增添醇厚度。一般給人品質較阿拉比卡種低劣的印象，不過最近也出現優質的羅巴斯塔種咖啡豆，而被高價收購。

COFFEE BEANS
FORM 01

Two Coffee beans

2大品種

據說咖啡的品種超過200種以上，
然而最主要流通的還是這2種。

COFFEE BEANS
FORM 02

豐富的香氣使人迷醉

ARABICA

阿拉比卡種

約占總生產量的70%。由於對病蟲害的抵抗力弱，多種植於高海拔地區。因自然交配或是人為改良而又再細分出其他品種，其中的波旁（Bourbon）、鐵比卡（Typica）於世界各地廣為栽植。阿拉比卡種之中，擁有多層次的風味以及具有甜味的精品咖啡更是廣受好評。

生產。阿拉比卡種因為口感與香氣的表現豐富而帶有酸味，適合作為日常飲用的品種。如此的阿拉比卡豆也因變種或改良而衍生出各種分支，最近受到矚目的便是二〇〇四年於巴拿馬國際競標會創下當時最高拍賣價的「藝伎」。「藝伎」有著不像咖啡、香水般迷人香氣，柑橘系的風味與回甘的酸度，讓來自世界各地的買家大為驚豔。

另一方面，羅巴斯塔種的特點是相較於阿拉比卡種容易栽種管理，產量又多，因此可以便宜的價格取得，常被用來製造成即溶咖啡。

即使是同樣的品種，只要在不同的地方生長，味道也會產生變化，不僅是氣候、土壤、栽種條件有

Other Arabica

其他阿拉比卡亞種

下列介紹6種代表阿拉比卡
或是近年來備受注目、特別具有個性的品種。

巴西具代表性、
產量較高的咖啡豆

MUNDO NOVO

新世界

波旁與蘇門答臘交配的品種。具高抗病力、收穫量大，成為巴西的主力品種。風味接近波旁種。

薩爾瓦多開發出來的
大顆粒交配種

PACAMARA

帕卡瑪拉

巨型象豆（Maragogype，鐵比卡的變種）與帕卡斯（Pacas，波旁的變種）混血的品種。顆粒大，具有獨特的香氣。

於巴拿馬揚名
具有柑橘系芳醇的香氣

GEISHA

藝伎

原始產地在衣索比亞的品種，產量低，因稀少而價揚。擁有其他品種所沒有的、如香水般迷人的香氣，近年來在全世界引起話題。

影響，現今連不同莊園而帶來的影響也受到關注。同樣一個國家之中，有高度意識的生產者所栽種出來的咖啡豆，其品質之優異都會顯著地呈現出來。

　這樣的趨勢也明確地推動著莊園精品咖啡革命。

PICK UP

什麼是圓豆（peaberry）？

1顆平豆的2倍份！
圓形的貴重生豆

一般咖啡豆為半圓形，被稱為平豆（flat bean），一顆咖啡果實裡會有兩顆平豆，但有時很罕見地會有果實裡僅一顆圓形的種子，被稱作圓豆，因為是只有一邊的種子生長，收穫量僅約平豆的3～5%，物稀而價昂。

與鐵比卡並列的
阿拉比卡兩大品種之一

BOURBON

波旁

從葉門傳到波旁島（現名為留尼旺島，Réunion）後的變種，不耐蟲害與霜害，目前正在品種改良中。

被認為是阿拉比卡原種的
古老品種

TYPICA

鐵比卡

抗病力弱，產量低，但在好的栽種條件之下所產的咖啡豆，會有豐富的甜味。因為品質優良，近年又再受到重視。

於巴西發現的
波旁變種

CATURRA

卡杜拉

具高抗病力、耐低溫，與波旁種同樣有豐富的酸味與甜味。現為瓜地馬拉等中美洲各國主要的生產品種。

Main producing areas

因產地而顯現出歧異的個性

由於容易表現產地的特徵，
咖啡豆多直接以生產國家來命名。
在此介紹幾款具代表性的咖啡豆之個性。

MANDHELING

曼特寧

印尼產的曼特寧因具有深度的香醇風味而聞名。口感強勁厚實，適合較深度的烘焙，以享受其中的苦味，不過中度烘焙也能夠充分感受其香醇。

代表產地

- 印尼（曼特寧、托那加〔Toraja〕）
- 印度

口感醇厚

GUATEMALA

瓜地馬拉

中美洲產的優質咖啡豆，具有華麗的香氣與明亮的酸味。過度烘焙會讓酸味消失，若要表現酸度，最適合淺烘焙到中烘焙。拿來混豆也很不錯。

代表產地

- 瓜地馬拉
- 哥斯大黎加
- 薩爾瓦多
- 尼加拉瓜

酸味清爽

不被概念所囿限
靠舌頭找出自己的喜好

有時為了買豆子專程跑一趟咖啡豆專賣店，發現種類竟多到令人咋舌，對初學者而言，該以什麼做為選擇基準實在是太難了。最簡單可以學會的就是產地間的差異，比方說，哥倫比亞、巴西的咖啡酸味與苦味有很好的平衡度，中美洲的瓜地馬拉、巴拿馬則是果味豐富，具有活潑的酸味……等等，依產地而會出現的不同明顯特徵可作為辨識，若能直接品飲非洲、中美洲、亞洲等各地區代表的咖啡豆，就能清楚明白各地風味的不同。

「話雖如此，但我還是覺得不要被這些概念限制了，因為就算出於同樣產地，風味也有細微的差異，在文獻等資訊進到腦中成為基準之後，請放鬆心情，以最直接坦率的心來面對咖啡。」丸山珈琲的丸山先生說。

找到自己喜歡的喫茶店或咖啡豆專賣店也是一種方法。每家店都有各自的烘焙度與萃取方式，在同一家店品飲比較各款咖啡豆，便能正確判斷。

「首先第一杯請點該店的招牌咖啡，它充分表現出老闆的品味，如果覺得這家店的招牌咖啡很好喝，那就代表著你的口味與這家店很合。然後以這樣的口味為中心，慢慢嘗試品飲其他款，便能找出自己偏好的味道來。」

BRASIL

巴西

酸味與苦味達到完美的平衡，容易入喉，常被用來作為混豆的基底。從淺到深，不論哪個烘焙度都能有好的表現。

代表產地

- 巴西
- 哥倫比亞
- 玻利維亞

整體表現均衡

香氣強，富果味

KENYA

肯亞

有水果般的清甜酸味與香氣，特別是產於肯亞的豆子帶有黑醋栗、藍莓的風味很討喜，在歐美各國十分受到好評。

代表產地

- 肯亞
- 衣索比亞
- 盧安達

具有紮實的香醇與甘美

COLUMBIA

哥倫比亞

可以感受到十分具有重量的香醇與咖啡自然甘美的一支豆子。若喜歡清爽的口感，可以中烘焙，喜歡厚重口感的則適合深烘焙。

代表產地

- 哥倫比亞
- 玻利維亞
- 巴布亞紐幾內亞

Maturing

咖啡豆的熟成

生咖啡豆會隨著時間的推移而產生味道變化，
不同品種，也各自有其最好的品飲時機。

NEW CROP
新產季豆或鮮豆

採收後數月內的
新鮮咖啡豆

剛採收下來不久的新鮮生豆，飽含水分，帶有點青綠色。自採收起算約半年，可以喝得到新鮮的香味，適度烘焙、萃取、單喝，可清楚表現個性。

PAST CROP
逾期季豆或舊豆

前1年度採收
經1年熟成的咖啡豆

經過1年的熟成，適度排去水分，表面稍微褪色的咖啡豆。有些咖啡豆適合這樣熟成的程度，可降低尖銳的酸度，達到更好的平衡。

OLD CROP
老豆

採收後經過數年
黃褐色的熟成咖啡豆

採收之後經過3年以上熟成的生豆。以前曾有段時間市場認為經過數年熟成後的生豆別具價值，近來主流認為這樣的豆子已失去其商品價值。有時為了能沖出獨特醇味，會在混豆時少量使用。

因產地不同需注意採收時期

生豆依其熟成度，大致可區分為鮮豆、舊豆、老豆三種。

剛採收不久的生豆飽含水分，還帶有點青綠色。在日本，每年會從各咖啡生產國進口剛收成的鮮豆，因此若能知道各品種進口時期，即可及時品嘗到當年的新豆。

一般來說，受到氣候影響，中美洲的採收期大約是6～8月、巴西為10～12月、非洲為2～4月。以莊園咖啡豆為賣點的店家隨時都會採買新鮮的咖啡豆，可以向他們詢問當季最合適品嘗的品種。

Size

咖啡豆的大小

因品種之別，咖啡豆的顆粒大小上也十分不同。
需特別注意的是應隨顆粒大小來調整烘焙度。

〔 顆粒小的咖啡豆 〕

風味濃縮，香醇深厚

長度約在5㎜的生豆。顆粒小的咖啡豆在烘焙過程中很容易燒焦，因此特別考驗烘焙技術。圓豆的顆粒小但質地堅硬，需要較強火力去烘焙。

代表豆 圓豆

〔 顆粒大的咖啡豆 〕

香味豐富，但烘焙困難

生豆狀態下，長度約在8㎜的大顆粒咖啡豆。與其他豆子相較，其巨大的身影一目瞭然。若烘得不好，就會導致中心未熟，沖泡時會產生苦澀的口感，要特別留意。

代表豆 帕卡瑪拉（Pacamara）／巨型象豆（Maragogype）

選購咖啡豆時需留意顆粒大小

過去曾有段時間是咖啡豆的顆粒越大越高級，但是現在我們已經知道咖啡豆的大小對風味並未有影響。話雖如此，極端大顆的豆子在烘焙上又特別考驗技術。

帕卡瑪拉、巨型象豆等品種的大型咖啡豆香氣豐厚，然而很難烘熟，需要加強火力或是拉長烘豆時間。相對的，圓豆等小顆粒的品種風味有層次，卻又容易焦掉，烘豆時也得特別注意。

比起顆粒大小，更重要的是尺寸的一致性。在自家烘焙時，要記得盡量選擇大小一致的豆子。

Roast

因烘焙而產生的風味變化

咖啡豆的風味也會依著烘焙程度而變化。
烘焙工程在引出咖啡豆潛力的過程中，
是非常重要的一環。

〔 產地與烘焙程度 〕

巴西／巴拿馬／衣索比亞

哥倫比亞

瓜地馬拉／印尼／哥斯大黎加／薩爾瓦多

❶

一變成栗子色
開始有了咖啡應有的各種風味

MEDIUM

中度烘焙（微中烘焙）

淺烘焙的口感是乾淨輕快的。擁有迷人香氣的巴拿馬、衣索比亞豆，即使中烘焙也能保留美味。巴西豆雖適合深烘焙，但也有很多低地栽種的巴西豆，建議可以淺烘焙～中烘焙。

❷

烘出每款豆子的
基本個性

HIGH

濃度烘焙（中度微深烘焙）

最基礎的烘焙度。酸味之中會有苦味顯現，不論哪款品種、產地的豆子都能表現出咖啡應有的風味。若要直接飲用比較各款咖啡豆之間的差異，就以濃度烘焙來嘗試。

❷ ❶ 淺烘焙

❺

從以前就有許多擁護者
具有層次深度的濃厚風味

FRENCH

法式烘焙（深度烘焙）

喜歡濃烈咖啡的人無法抵擋的烘焙度。有漂亮酸味的咖啡豆即使烘到這個程度仍能保有酸味，不過若烘過頭了則會被焦味給蓋過。為了不讓中心整個烤焦，得要特別留心注意。

❹

可以品味烘焙度溫和的
深烘焙

FULLCITY

深城市烘焙（微深度烘焙）

酸味減弱，強調苦味。具有厚實感的印尼曼特寧等，為表現豐富的口感，多烘焙到此程度。要做冰咖啡的豆子也適用於此。

❸

表現恰到好處的苦味與酸味，
均衡感極佳的一杯

CITY

城市烘焙（中深度烘焙）

有著應有的深褐色。烘焙至這程度，尖銳的酸味都已變得圓潤，苦味不會過強，口感上取得絕佳的平衡度，是喫茶店或咖啡豆專賣店常見的烘焙度，也是丸山先生最推薦的。

編註：烘焙程度各地區具有不同的看法與區分，在淺、中、深（重）三種粗分下，常又細分8個階段，除了本頁所介紹的5階，另有較淺的極淺度烘焙（Light）、肉桂烘焙（淺度烘焙，Cinnamon），以及較深的義式烘焙（極深度烘焙，Italian）。

烘豆是引出咖啡豆潛力的魔法！

無法品味酸味已過時！烘豆程度的新常識

對咖啡豆來說，烘焙是非常重要的工程，此一環節若是沒有掌握好，就無法表現出咖啡豆的最佳美味，使得美味咖啡功虧一簣。

烘焙度低會保留較多酸味；越深焙，酸味越消減而苦味增多。因此丸山珈琲的丸山先生指出，有一種說法是以酸味為特徵的咖啡豆適合淺焙，原本就不太有酸味而可以品嘗到苦味的豆子，則適合深焙。

右上）一旦開始變色，烘焙度就會快速變化，因此需要仔細地觀察。右下）丸山珈琲使用的是美國製造的Smart Loaster，能夠表現豆子的特性，烘出美味的咖啡豆。中）烘焙前的生豆。左）烘焙後的咖啡豆。

「但其實酸味越強的豆子才更適合深焙。有明亮酸味的咖啡豆大多是生長在高海拔地區，吸收了豐富礦物質的高品質豆，豆子本身既硬且結實，因此即使經過深烘焙亦可保留酸味及風味，更能提出甘美的口感。相對的，酸味較少的咖啡豆，多是種植在低海拔、質地較軟的豆子，若烘焙得較深，很容易就燒焦成灰了。」

直到不久之前，日本還是以深焙為美味的標準，因為淺焙會留下尖銳的酸味與雜味，喝起來會有不好的口感，不過近年來世界各地的咖啡栽種方法與生產處理技術都已改良，即使是淺焙也不太會有雜味留存，成為具有「溫柔順口」的酸味、高品質、香氣足的咖啡豆。

Grind

研磨的粗細度

一般來說，咖啡粉的粗細端看沖泡的器具而選擇。
適當的粗細度與沖泡器具組合，將使萃取出來的咖啡有戲劇性的改變。
接著就來認識研磨的粗細度、咖啡豆與咖啡粉的保存方法吧！

MIDEUM GROUND

COARSELY GROUND

適合各式風味平均表現的咖啡

中度研磨

粗細介於紅（粗）砂糖與白砂糖之間，適合一般的咖啡沖煮法，如濾紙手沖、法蘭絨布手沖、自動咖啡機等，各種方法都可對應。

適合具有酸味的咖啡

粗研磨

紅（粗）砂糖般的粗細，適合用在法式濾壓壺或是美式滲濾咖啡壺等，以熱水浸泡萃取的方式。需要較長時間萃取，適合帶有酸味的咖啡豆。

磨豆盡量避免產生熱度 以免咖啡品質下降

磨豆機有手動與電動等，不同方法、形狀的選擇，但最重要的共通點是磨豆時會產生的熱度，特別是高速轉動螺旋槳式的電動磨豆機，在磨粉過程中會使得豆子及磨好的咖啡粉變熱。

「變熱的咖啡粉很容易產生雜味，咖啡最重要的香氣也就會因此消失。」WILD咖啡的天坂先生說。

不過也有人說小型的電動磨豆機只要輕按一下電源就放掉，便能避免產生熱度，也可以磨出均勻的咖啡粉。不論是手動還是電動磨豆機，只要掌握下述磨豆的技巧，讓基礎知識幫助我們享用更美味的咖啡。

PICK UP

磨豆的技巧

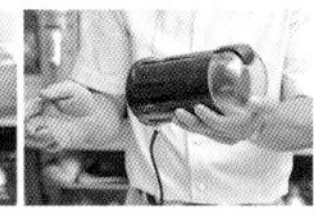

電動磨豆機

容易產生熱度的小型電動磨豆機，使用的訣竅是每次磨 5 秒就停下來搖一搖，如此重複 5 ～ 6 次。這麼一來，不僅可以散熱，也能磨得更均勻。

手動磨豆機

為了不產生熱度，重點在於慢慢轉動輪軸。有些手動磨豆機還可以選擇磨粉的粗細度。

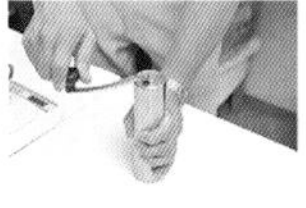

咖啡豆與咖啡粉的保存方法

與空氣接觸、氧化是造成咖啡味道變差的原因，應盡可能避免，是為保存的重點。請以密閉容器分小批次裝，取用時盡可能不要接觸空氣。為了不讓容器有大量空氣進入，使用密封袋裝亦有一定效果，但要記得放在不受光線、溫度影響的陰暗處。

FINELY GROUND

適合表現苦味

細研磨

咖啡粉末接近白砂糖般細緻，整體表面積大，適合帶苦味的咖啡豆，以義式摩卡壺（macchinetta）或冰滴的方式萃取。比細研磨更細的超細研磨，則適用於義式咖啡機（expresso）。

2

專家教授你如何選豆，找出最對味的一杯咖啡

如何選擇咖啡豆

即使知道了咖啡豆的基礎知識，要自己選擇的門檻依然很高。
那麼就請咖啡專家來建議，協助大家找到最適合自己的咖啡豆。

攝影：伊藤武志、KiiT、深澤慎平

〔 Professional_01 〕

第一步就是不要吝嗇，盡可能地去品嘗好咖啡！

MY BEST COFFEE BEAN

爪哇 羅巴斯塔

產於印尼，非常有個性與野性的咖啡豆。具獨特香氣，近來因需求成長，價格已與阿拉比卡沒有太大的差別。

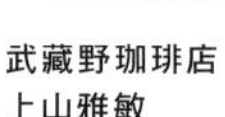

武藏野珈琲店
上山雅敏

對入門者基本上會推薦阿拉比卡咖啡，但上山先生自己則是羅巴斯塔的愛好者，喜歡它有阿拉比卡所沒有的狂野雜味與美味。

咖啡是嗜好品 靠的是記憶的累積

「入門者從基本的阿拉比卡開始是最好的，其中我又最推薦哥倫比亞，被稱為是各方面表現最均衡的咖啡，以它為基準，再跨出去尋找自己喜好的苦、酸、香等各種表現的幅度，應該不失為一種好方法。」

持續守護著這家老店的店主上山先生給了如此的建議。

右上・右下）從優雅的插花可感受到店主的好品味。令人安心、沉靜的空間。左）咖啡迷人的香氣一下擴散開來的瞬間，讓人無法自拔。推薦店主喜愛的羅巴斯塔咖啡豆所煮的義式濃縮咖啡或是冰咖啡。

OTHER COFFEE BEANS

吉力馬札羅
（Kilimanjaro）

產於吉力馬札羅山麓，帶有強烈酸味與甘美香氣，若沖泡得宜，便可引出強勁而漂亮的酸味。

巴西聖多斯
（Santos Nibra）

被譽為巴西咖啡最高峰的品種。沖泡的瞬間散發出華麗的香氣，與苦味的尾韻中透出些許酸味，是其特徵。

並且強調若真的很想認識咖啡，那就不要吝嗇，大量地去品嘗好豆子也是很重要的。

「不偏頗，盡可能地去讀相關的書籍，大量地去喝、去品嘗就對了。嗜好是記憶的累積。」

先不論喜歡與否，盡量去接觸所有的咖啡，才能夠找到最適合自己的口味。

DATA

武藏野珈琲店
むさしのコーヒーてん

地址／東京都武藏野市吉祥寺南町1-16-11 荻上大樓 2F
TEL／0422-47-6741
營業時間／11:00～23:00（L.O.22:30）
定休／無
http://www.oishicoffee.com/

從理解不同的烘焙度開始

BABA'S COFFEE只進夏威夷契作莊園的科納咖啡（Kona coffee）生豆，店主松井先生認為，選豆的重點在於烘焙的程度。

「深焙也好，中焙也好，首先得先理解自己的喜好，知道哪一種烘焙度適合自己。找到自己的喜好，告訴咖啡店的人，若無法清楚描述味道，可以說說平常喝咖啡的習慣，像是加糖、加奶與否，也能試著這樣去傳達。」

選擇買豆子的咖啡店時，找自家烘焙的店也是一大重點。「不過最重要的是可以輕鬆地享受咖啡，不要想得太難，盡可能地去嘗試吧！」

〔 Professional_02 〕

由喜歡哪一種烘焙度，掌握自己的喜好。

MY BEST COFFEE BEAN

Private Reserve

夏威夷科納咖啡中的最高傑作，具有濃厚的香氣與溫潤香醇的口感。尾韻乾淨，表現出極致高貴的風味。

BABA'S COFFEE
松井信之

科納咖啡豆的生產量僅占全世界的1%以下，具有極致的高品質，甚至被稱作是咖啡中的寶石。溫潤的口感與乾淨的風味使人著迷。

右上）備有贈禮用的包裝。左上・下）販售咖啡豆原則上採客製化烘焙，來電訂購後再到店取貨。中央）啟動五感，仔細地烘焙。

DATA

BABA'S COFFEE

バーバスコーヒー

本社・烘焙工廠
地址／奈良縣奈良市帝塚山 6-10-1
TEL／0742-49-9255 ※只接受網路訂購
http://www.babascoffee.com

岐阜敷島店

地址／岐阜縣岐阜市敷島町 6-9-3-2
TEL ／058-252-5006
營業時間／9:00 ～19:00、
週六 8:00 ～ 18:00
定休／週日、國定假日
http://www.primrose-jp.net/cafe.html

OTHER COFFEE BEANS

Extra Fancy

具備所有咖啡豆評判標準的優點，大小、形狀、均一性兼備，芳醇的香氣，深厚的甘醇，柔順的口感是其特徵。（編註：科納咖啡分級為 Extra Fancy，Fancy，No.1，Select 及 Prime。）

夏威夷日曬科納
（Hawaii Kona Natural）

莊主特別堅持不使用任何農藥，獲美國農業部認證的有機咖啡豆，擁有自然而高品質的風味。

〔 Professional_03 〕

挑一杯每次必喝的咖啡，以它為基準，理解與其他咖啡的差異。

MY BEST COFFEE BEAN

瓜地馬拉茵赫特莊園
(Guatemala - El Injerto)

一款可品嘗到蜜桃和黑巧克力風味與香氣完美融合的個性派咖啡，產自瓜地馬拉，100%帕卡瑪拉種。

Cafetenango
栢沼良行

沉迷在中南美咖啡豆的多層次之中。「中美洲基本上都是山陵地，同樣一款咖啡豆在不同海拔生長也會產生不同的風味，這樣多變而富有層次的咖啡讓我十分著迷。」

固定去同一家店喝同一款咖啡

「起先不要換喝各種不同的咖啡，而是先固定喝某一款。」栢沼先生建議。

如此一來就能夠知道與其他咖啡之間的差異。「選豆時首先看的是顏色，如肉桂般淡褐色的酸味較強，越接近黑色的則苦味越明顯。」

酸與苦，偏好哪一種口味，可說是咖啡的一大主題，這條叉路便是從顏色來判斷、選擇。「咖啡會隨著生產國家、品種、精製的手法、烘焙程度等等的因素，產生各式各樣不同的風味與香氣，品飲之時，不妨也想像一下是怎樣的人在哪裡為這杯咖啡付出多少的心力吧！」

上）為了避免彼此的香氣混合、干擾，以特別訂製的加蓋透明箱來陳列烘好的咖啡豆。右下）店內亦販售濾杯等沖泡器具。左下）店內側吧台前有 4 席的座位。栢沼先生有空時會親自為客人沖泡。

DATA

Cafetenango

カフェテナンゴ

地址／東京都世田谷區深沢 5-8-5 NE大樓 1F
TEL ／03-5758-5015
營業時間／10:00～19:30
定休／週三、每月第 1、3 個週四
（國定假日照常營業）
http://www.cafetenango.jp

OTHER COFFEE BEANS

La Candelilla 莊園
（另譯小燭莊園）

Candelilla有「螢火蟲」之意。以潔淨的水及精湛的技術生產出漂亮的酸味與明亮果味的咖啡豆是其特徵。哥斯大黎加產，100％卡杜拉種。

卡薩布蘭加莊園
（Casablanca）

生產自最高海拔區「La Copa」，特徵為具有乾淨的口感與明亮、溫柔的酸味，是尼加拉瓜引以為豪的一款咖啡豆。

How to choose Coffee Beans

依狀況選擇咖啡

為一天之內各種不同的狀況，興起「想來杯咖啡」念頭的瞬間，
做個最貼切的選擇。

咖啡之王，最適合在特別的日子飲用

藍山 No.1（Blue Mountain No.1）

特別的日子就是要喝咖啡之王——藍山，其中又以在海拔最高處所採收到的「藍山 No.1」為最高品質，親自品嘗那表現均衡完美的風味。

早晨醒來的第一杯，為今天注入元氣

黃波旁（Yellow Bourbon）

一天的展開就從一杯巴西產的黃波旁開始。迅速喚醒身體的溫和口感與豐富多元的香氣，溫柔地支持我們走向一天之始。很多人一早就指定喝這一款。

活潑的果香味讓人心情放鬆

耶加雪菲・摩卡（Yirgacheffe・moka）

摩卡獨特的果香與酸味之中，透出甜味的耶加雪菲・摩卡是一支很受歡迎的豆子。嘗一口它迷人的香氣與風味，讓人身心放鬆。加點糖，多點甜味也很不錯。

搭配用餐，就要有這樣溫和的風味

自然栽培的祕魯（Perú）

與食物一起享用時，得考慮不過分彰顯自身的咖啡。這款自然栽種、口感細緻的祕魯咖啡，有著櫻桃般的溫和風味，不會搶過餐點的味道。

DATA

珈琲蘭館

コーヒーらんかん

地址／福岡縣太宰府市五条 1-15-10
TEL ／092-925-7503
營業時間／10:00～19:00（L.O.18:30）
定休／無
http://rankan.jp/

想要加點糖與奶一起喝時

肯亞

這支肯亞咖啡豆帶有果香甚至是伯爵茶香氣，以較深的烘焙度處理，加糖增點甜味或是加奶（動物性脂肪）增加醇厚度。甘味與酸味的交織，帶來絕妙的相乘效果。

想要來杯不一樣的
就選得獎豆

玻利維亞 Cima del Jaguar 莊園

玻利維亞鄰近巴西，常有隱藏多時、驚為天人的莊園豆出現。這款在玻利維亞卓越杯（C.O.E.，Cup of Excellence）取得第 2 名的得獎豆，可以嘗到甘甜的香氣與豐富多元的風味表現。

想要轉換一下心情
或是放鬆一下時最適合

夏威夷科納 Extra Fancy

夏威夷科納豆十分稀少，在他們精緻的生產方式及嚴格的選豆標準之下，芳醇的香氣與乾淨的口感成為科納豆的一大特徵。讓人聯想到南國渡假小屋的清澈口感，最適合想轉換心情時來一杯。

工作的好伙伴！
想要讓頭腦為之清醒時飲用

易卜拉辛 ・ 摩卡（註：葉門產）

想要提振精神，總要來杯口感厚實、苦味顯著，讓疲累的頭腦能為之振作的咖啡。此時選擇烘焙度較深的咖啡豆，特別是這款帶有香料刺激口感的易卜拉辛（Ibrahim）・摩卡便是正解。

睡前的悠閒時光來一杯
療癒一日的疲勞

宏都拉斯

一日之終想要來杯咖啡，可選擇稍微醇厚的風味與具有深度的中重焙豆。這款讓人聯想到櫻桃、帶有果實味的宏都拉斯，餘韻綿長，保證讓人有個香甜的睡眠。

假日的早午餐
與剛烤好的麵包最搭

吉力馬札羅

不論是醇厚度、甜味、酸味，能達到良好平衡感的溫和咖啡，很適合搭配麵包一起享用。某天起得比平常早，又不趕時間，想要喝個咖啡，搭片麵包簡單吃的早午餐，此款咖啡最為合適。

1 Coffee Story

咖啡豆的生產過程

咖啡豆是咖啡樹成熟果實中的種子，
接著就來了解咖啡豆從種子到出貨的過程。

監修＝堀口俊英（→P160）

一顆咖啡豆漫長的生長旅程

一棵咖啡樹要成長到可以生產咖啡豆，意外地需要很長的時間。從撒下種子到可以收成，大約要花上三年。開花、結果之後，阿拉比卡得要再花上半年到九個月的時間，果實才會慢慢地成熟，一旦成熟後，僅有兩個星期左右的時間可以採收。採收咖啡時也有人會使用機械，然而果實成熟的速度不一，因此大部分還是仰賴人工採收。

主要栽種咖啡的地區被稱作咖啡帶，是位於赤道南北側，北緯25度至南緯25度之間的熱帶地區。日本的咖啡消費量位居世界第4，生豆的供給國家以巴西、越南為首，有四十餘國。

各種咖啡的風味會因產地、品種、精製的方法而不同，有些大莊園會採用機械作業，大部分的咖啡小農基本上都是採取手工。咖啡亦是農作物的一種，因此將比重、顏色等不符合標準的豆子挑出，確保品質是很重要的。從下頁開始，就來追尋從一顆咖啡種子到咖啡豆出貨的過程吧！

每一顆咖啡豆
都蘊含著各個生產國的思想。

從種子開始的咖啡之旅

Seedling

育苗

1

1個半月～2個月左右發芽

咖啡豆指的是茜草科常綠灌木的咖啡樹種子。將咖啡的種子埋進培土中，經過1個半月～2個月左右的時間後發芽，樹苗在長到30～40cm之前，大多栽種在盆栽裡。

2

Tree

成樹

約3年的時間長成可結果的成樹

將成長到一定程度的咖啡樹苗移植到農園裡，約3年後長成咖啡樹，開始結果。第4年起收成逐步增加，如果照顧得宜，未來20～30年都可有收成。

Flower

開花

3

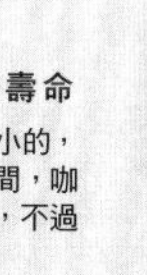

楚楚動人的小白花僅有數天的壽命

咖啡樹成樹後便會開純白色的花。小小的，有近似茉莉花香氣是為特徵。開花期間，咖啡農園裡滿是白色小花與甜蜜的香氣，不過花朵僅2～3天就會凋零。

4

Fruit

結果

5

Harvest

收穫

結出綠色的果實再逐漸轉紅

咖啡花凋謝之後，會結出綠色的咖啡果，經過6～9個月果實逐漸膨脹，顏色亦會從綠轉紅（或黃）；成熟時，整個形體及顏色與櫻桃很像，因此也被稱作為咖啡櫻桃（coffee cherry）。

大部分的產地皆以人工採收

採收時需要大量的人手，一顆一顆地從樹上摘下，咖啡果位於高處時則會用梯子或是工具拉低樹枝來採收。大部分的產地都是以人工進行採收。

Pick up

咖啡是栽種在怎樣的地方呢？

咖啡適合栽種於什麼樣的土地上呢？先決條件是年均溫在22℃左右的溫暖氣候，同時也需要穩定的降雨量。土壤方面則是需要有火山灰質土，具弱酸性，並有良好的排水。每一種咖啡樹都有其特性，比方說阿拉比卡就怕高溫多濕，對霜或是極端的低溫亦沒有抵抗能力，因此多種植於熱帶、亞熱帶地區，海拔達1000m以上的高地；相反的，羅巴斯塔則是有很強的抗病蟲害能力，阿拉比卡所不能栽種的地方它幾乎都可生存。

6

沒有異味、少雜質、會回甘等口感，都要仰賴精製這個階段的品質，大大地左右了最終成果。

Refine

精製

精製方法主要有4類

精製的方法主要可分為4大類，包含了水洗（washed）以及日曬（natural）等。乾燥的方法則分為2種，即自然日曬與機械乾燥（dryer）。

7

Sorting

分級

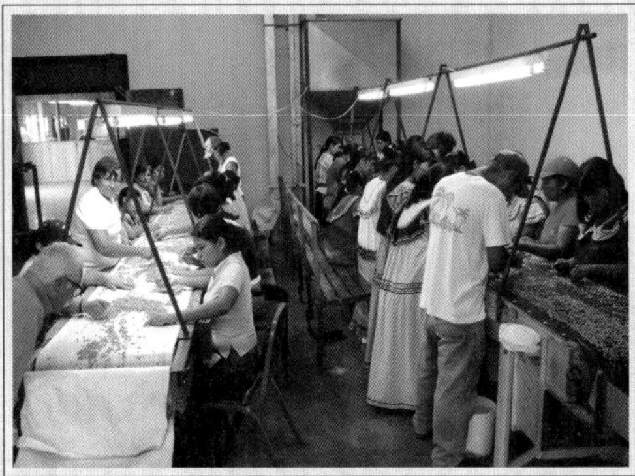

依大小、形狀、比重等分級

以大小尺寸將生豆分類後，再依比重、色差等挑選，分等級。

Cuptest

杯測

經過杯測後開始出貨

生豆在農場或工廠會經過杯測，確認香氣、風味是否有何缺點，判斷是否符合個別的出口規格，然後開始向世界各地出貨。

8

一杯美味的咖啡要經過眾人之手才得以誕生。

make the best Coffee

在家也能重現名店的風味！

如何沖出最美味的一杯咖啡

沖泡咖啡有各式各樣的器具，可以依使用方法與個人口味來挑選最適合自己的沖泡器具。接著就來解說提引出咖啡原有美味的最佳方法與技巧。

基礎篇

The way to

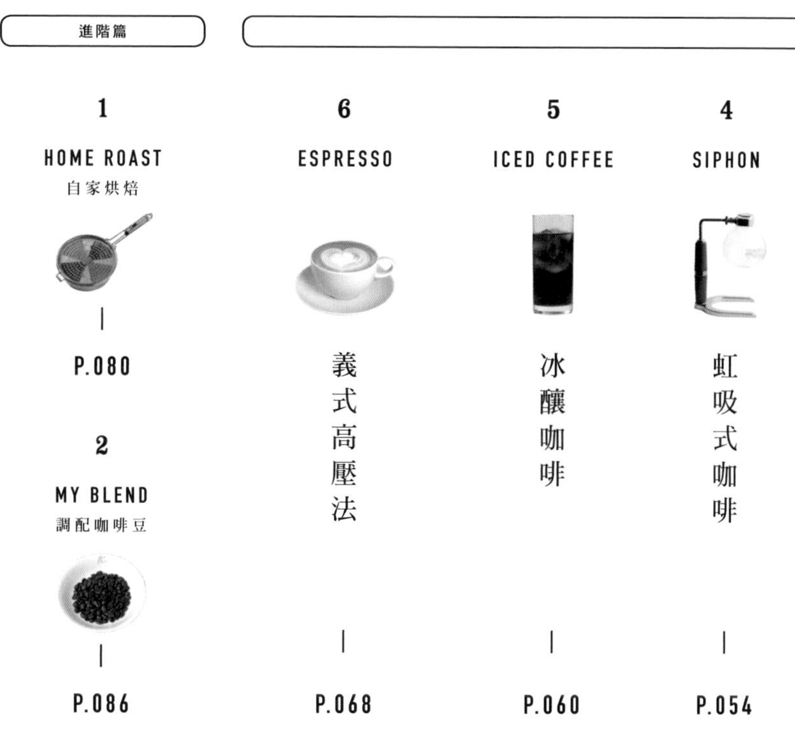

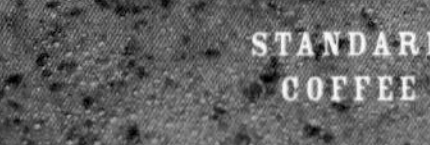

STANDARD COFFEE

1

PAPER DRIP

[濾紙沖泡法]

濾紙沖泡是簡便卻又講究的沖泡法。
濾紙可以吸收咖啡豆的雜味，
能沖出乾淨的風味是為特徵。

推薦的一杯

BERNINI BLEND

店內6款自家調配的豆子中最受歡迎的一款。所有的風味均衡地整合在一起，以濾紙沖泡的方式為客人仔細地一杯杯沖泡。

➡ 示範者

岩崎俊雄

曾在大品牌的咖啡公司任職，之後獨立開店，於咖啡業界已有47年的經驗。擔任過日本虹吸式咖啡錦標賽的裁判，現在也致力於推動自家沖煮咖啡的普及化。

優雅地提引出咖啡豆的風味

使用器具容易取得也方便使用，任誰都可以輕鬆沖泡出美味咖啡，是濾紙沖泡法的一大特徵。

使用濾紙沖泡，不僅可以輕易而直接地顯現出咖啡豆的個性，同時也能吸除咖啡油脂與殘滓，表現出東方人偏好的乾淨風味，也是一大魅力。濾杯的形狀可分成好幾種，各有所長，只要能夠掌握其特性，就可以實現美味的一杯咖啡。

「只使用優質的咖啡豆，仔細地沖泡。」

DATA

CAFFÉ BERNINI

カフェ・ベルニーニ

地址／東京都板橋區志村3-7-1
TEL／03-5916-0085
營業時間／13:00～19:00
（週六僅有咖啡豆、器具販售）
定休／週二、三
http://caffe-bernini.com

可望見窗外綠意的明亮店內，全都是岩崎先生個人品味的最大展現。客人大多是來買自家烘焙豆的熟客。

濾紙沖泡法的步驟示範

能夠輕鬆優雅地提引出優質咖啡豆的風味是濾紙沖泡法的一大特徵。
想要來一杯美味的咖啡，就緩慢而享受地以濾紙沖泡法來沖泡吧！

將濾紙摺好放進濾杯

依序（見P41）將濾紙摺好，服貼地放進濾杯。

有人會在放咖啡粉前，先以熱水打溼濾紙，但這麼一來會使得沖泡咖啡時的水溫不足，請避免。還是使用乾的濾紙為上。

將熱水移到手沖壺去，調整適當溫度

將水煮開，去除水中的氯味後，將沸騰的熱水從熱水壺移到手沖壺，使溫度下降。光是移壺大約就可降低10℃左右的溫度，再以調酒匙（bar spoon）攪拌，使整個水溫均勻，並以溫度計確認水溫，靜待水溫降至82～83℃。

NG 不可以為了降溫而加冷水。

開始沖泡咖啡

經過充分的悶蒸之後，再度於中心開始，以寫50元硬幣大小的「の」字般之筆順，細而緩慢地注入熱水。當咖啡粉撐起的半圓又再度漲起並大上一圈，再次停止注水。此時，中心點會漸漸有些白色泡沫出現。

再次注入足量的熱水，適量萃取

當白色泡泡落下，變平之後，細而輕地再加進熱水。當咖啡粉又落下，快要變平時，再次注入熱水，如此重複3～4回。

Point 熱水不要太偏向半圓的邊邊或是濾紙，只在中心點注入即可。

[COFFEE DATA]

粗細度	中度研磨
咖啡豆量	17g
水溫	82～83℃
水量	約160mℓ

- □ 咖啡豆量匙
- □ 磨豆機
- □ 咖啡濾杯
- □ 咖啡濾紙

- □ 咖啡壺
- □ 手沖壺
- □ 溫度計
- □ 調酒匙

3 注入第一回的熱水

在濾杯中注入熱水。此時要像是讓熱水置於咖啡粉之上，使其充分悶蒸。從正中心開始注入熱水，畫出50元硬幣大小（直徑26.5mm）的「の」字。注入的水量大約為30～40cc，是熱水會漫延、濡溼所有咖啡粉、並向下滴落數滴咖啡的量。

Point 放低手沖壺注水口的位置，輕柔地注入熱水，咖啡粉就不會飛散。

4 悶蒸，等待

當熱水漫延至所有咖啡粉時，咖啡粉會產生氣體並逐漸漲出一個半圓，此時就要暫停注水，等待20～30秒。這段時間是讓熱水的熱氣悶住咖啡粉，蒸出其中之美味精華的準備。

7 移開濾杯

看咖啡壺上的刻度，萃取到1人份的咖啡量（140～145mℓ）之後，在濾杯中仍有水的狀況下，盡快移開。

NG 若讓濾杯中的水全都滴完，含在泡沫中的澀味也會一起被萃取，便無法保持乾淨的味道。

8 加熱到適當溫度

以82～83℃的熱水沖泡的咖啡，在萃取完成時溫度已稍微下降，要飲用前，為了可以品嘗到更美味、甘甜的口感，建議可以加溫至68～70℃。將咖啡壺整個加熱約5秒，再倒進已事先溫好的馬克杯，即大功告成。

請問一下！岩崎先生

Q

在家以濾紙沖泡法沖咖啡，有什麼訣竅？

A

選豆是最重要的關鍵。享受沖泡樂趣的同時，下點小工夫吧！

這種沖泡方式會直接表現出咖啡豆的風味，因此選擇完全烘熟、膨脹圓胖的豆子是很重要的。此外，水要用軟水，若可以，最好使用濾水器過濾過的。沖泡時，邊確認邊聞咖啡的香味，聽著咖啡滴落的聲音，享受沖泡的樂趣。

用好豆子，仔細沖泡成就出最棒的一杯咖啡

「濾紙沖泡法的優點是任誰都可以簡單沖泡，並直接品嘗到咖啡豆風味。」岩崎先生說。也因此，選擇優質咖啡豆是重要的關鍵。岩崎先生建議要使用完全烘熟，並以手工挑選過的自家烘焙豆。

「好的豆子磨得粗一點，用的量稍微多一點，以中高水溫沖泡，這是最享受、最高級的沖泡方法。如此一來便可只萃取到咖啡最好的風味，不帶雜味的乾淨口感。」對於如何在家沖泡出美味的咖啡，岩崎先生也不藏私。

「不只是自己喝，也請家人、朋友試喝，聽聽他們的意見，便可讓自己的沖泡技術更加進步。」

這裡是重點

濾紙的摺法也有訣竅

摺濾紙有部分的原因是要避免接縫處連結未完全，摺過之後便可避免咖啡粉漏出來，因此要確實摺好。首先摺側邊的接縫處，接著轉到另一面，摺起下方的接縫處。摺好後，手伸進去撐開到最大，讓紙張擴張出最大空間，再放入濾杯裡，緊貼著杯面即可。

[Paper Drip Tools]

1 2 3 4 5 6

1）「三洋產業」的 T-101（1～2杯份）咖啡濾杯。內側的溝（亦譯肋骨）刻得很深，僅一個較大的水孔的單孔款濾杯。2）專業咖啡濾紙。店裡使用的是與濾杯同品牌的「三洋產業」出品的濾紙。3）咖啡壺。可直接在爐上加熱的耐熱型咖啡壺。4）手沖壺。「YUKIWA」製。5）溫度計與調酒匙。調整水溫使用。6）咖啡豆量匙。「KONO」製。

STANDARD COFFEE

|

2

NEL DRIP

[法蘭絨濾泡法]

法蘭絨布網會將咖啡的微粒子吸附在網子內側，
因而可成就出一杯杯口感滑順、圓潤的風味。
只要熟悉清理法蘭絨布網的方法，就一切簡單！

推薦的一杯

TROIS BLEND

甜味、酸味、苦味達到完美的平衡，老豆子才有的醇厚口感，經過法蘭絨布，引出咖啡豆的油脂與深度，成就出最美味的一杯咖啡。

➡ 示範者

三輪德子

繼承了這家由父母於1976年開業的咖啡店已近15年。從母親手上繼承了究極的法蘭絨此一古典沖泡法的同時，也不忘日日更進一步地探求咖啡的時代性與更趨完美的風味。

沖出溫潤風味的關鍵在於法蘭絨布網的管理

從選豆、磨粉的粗細度到悶蒸的時間、水量等等，法蘭絨濾泡法在在都反映著沖泡者對細節的堅持。光是如此就有不少人著迷於法蘭絨濾泡法。一方面向專業沖泡者學習，一方面摸索出自己的方法，也是此一沖泡法的樂趣所在。只是要特別注意的是對法蘭絨布網的管理，得要留意防止細菌生長及臭味，時常保持清潔是最重要的一點，使用了一陣子的法蘭絨布要記得更換。

「沖好後不要立即飲用，再多點時間會更美味。」

DATA

CAFÉ TROIS BAGUES

カフェ トロワバグ

地址／東京都千代田區神田神保町1-12-1　富田大樓 B1
TEL ／03-3294-8597
營業時間／週一 10:00～20:00
週二～五 10:00～21:00
週六、國定假日12:00～19:00
定休／週日

位於古書店街上，十分具有神保町氣質的咖啡老舖。除了顯露出店家堅持的美味咖啡之外，手工製作的南瓜布丁、白醬焗烤吐司也十分受歡迎。

法蘭絨濾泡法的步驟示範

可萃取出咖啡的油脂與深度，是法蘭絨濾泡法的一大特色。
只要注意保養法蘭絨布網以及控制好沖泡時的水量，便能沖出一杯無上完美的咖啡。

1

將法蘭絨布網徹底擰乾

事先以水（若可以請用過濾水）浸泡軟化法蘭絨布網。使用前從水中取出，徹底擰乾。照顧法蘭絨布網的方法請參見P47上半的重點。（照片中的布網是3杯份的。1杯份的也可以，只是大一點的不僅容易清理，要沖泡較多量時也不成問題，建議買3杯份的。）

◀

2

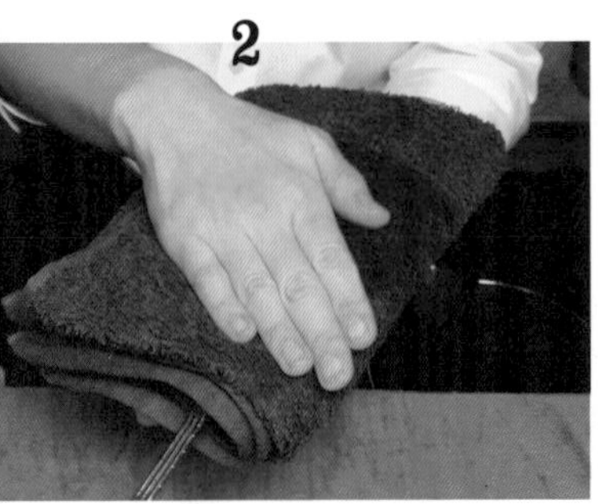

以毛巾包覆後輕拍、吸取水分

為確實吸乾布網的水分，要再用毛巾包覆，從上方拍打，讓毛巾吸收水分（冬天時，完成此一步驟後，再將布網稍微放在正沸騰的水壺上方，讓因失去水分而變涼的布網可以稍微提升溫度）。

5

在咖啡粉表面沖熱水

將法蘭網布網放置在已溫過的馬克杯上，在咖啡粉凹洞的中心輕而緩地斟入熱水，水流像是斷斷續續的水滴般。之後開始畫約2cm的圓般斟入熱水，慢慢地讓所有的咖啡粉都被沖到。

Point 水流不要太靠近布網。

◀

6

耐心觀察悶蒸結束的那一刻

等待40～50秒左右，第一滴咖啡從布網的前端滴下，咖啡粉浮起的半圓泡泡固定、成形。待咖啡粉表面漸漸沒了水分，出現一個一個窪洞的狀態時，便是悶蒸結束的時刻。

[COFFEE DATA]

粗細度	中等
咖啡豆量	18g ※①
水溫	85℃ ※②
水量	100mℓ

※① 2杯份(200mℓ)對32g、3杯份(300mℓ)對50g。
※② 此指中烘焙的豆子。若是深烘焙的豆子則水溫要到90℃左右。

- □ 秤(咖啡豆量匙)
- □ 磨豆機
- □ 法蘭絨布網
- □ 手沖壺
- □ 木匙(或免洗筷)
- □ 小鍋(煮咖啡專用)
- □ 溫度計
- □ 咖啡杯

將咖啡粉放進網子，以磨棒調整

將法蘭絨布網確實拉開，不留皺褶，倒進磨得稍粗的咖啡粉。此時得要讓布網的頂端也完全伸展才放咖啡粉。最後以磨棒在中心處攪動，使得咖啡粉均勻分布。

Point 咖啡粉倒進法蘭絨布網，以木匙(或免洗筷)戳向網子的最頂端，讓咖啡粉落下，一方面讓裡頭的空氣跑出來，一方面讓咖啡粉均勻分布。

調整水溫

將煮沸的熱水自水壺移到手沖壺，調整水溫。最理想的水溫為85℃，冬天倒1次，夏天要來回2次，差不多就可達到此一溫度。若還不習慣怎麼抓到合適的溫度，就用溫度計量測最準。

沖泡咖啡

再次斟入熱水，開始沖泡咖啡。此時，注水不要靠近布網，僅在中心處約2cm的範圍內以畫小圓的方式，少量而緩慢地注入熱水。

Point 當咖啡粉浮出白色泡沫時，可以稍微再增加注水量，並且不停地沖高咖啡粉。

加熱至適當溫度

若是喝黑咖啡，就直接飲用，喜歡燙口一點的，或是要加牛奶的，則可以倒到小鍋內加熱10秒。當小鍋子的周邊開始冒泡時，就離開火源，倒入馬克杯。

避免使用料理的小鍋子。若沒有煮咖啡專用的小鍋，就在馬克杯沖好後整個進微波爐加熱即可。

請問一下！三輪小姐

Q

在家以法蘭絨濾泡法沖咖啡，有什麼訣竅？

與法蘭絨布網一起

Nel drip's Professional

A

找出屬於自己的美味沖泡法

法蘭絨濾泡法會因為悶蒸的時間與加熱水的方法而影響成果，因此需要透過摸索找出沖泡出美味咖啡的重點。法蘭絨布是很容易吸附味道的素材，得避免使用會有氯味的自來水，使用經過濾水器的過濾水就可以安心。

繼承自一九七六年開始至今的味道

「與用過即丟的濾紙不同，法蘭絨布網每次使用時狀態都不太一樣，因此悶蒸的時間、沖泡的水量等等，皆須視沖泡當下的情況微調。雖然有些難度，但也很能展現沖泡功力。」三輪小姐說。這杯自一九七六年創業傳承至今的咖啡，使用老豆子成就出濃厚、有深度的美味。法蘭絨布網孔在沖泡時留住了咖啡豆的油脂，使得每杯咖啡的味道會有所變化，也沖不出一模一樣的一杯。

「以法蘭絨布網沖泡的咖啡，接觸空氣後味道會變得更加圓潤，因此剛沖好先別急著喝完，稍微放置一下會更美味，這也是法蘭絨濾泡法的魅力吧！」

這裡是重點

法蘭絨布網要以過濾水沖洗，經過煮沸消毒徹底清潔。

法蘭絨布網要避免細菌生長以及含有氯味，要用過濾水來處理。剛使用完的法蘭絨布網要反過來以流動的過濾水清洗，再放入水中保存。1天結束後要收拾時，先將法蘭絨布網擰過，再放進沸騰的水中以小火煮10分鐘消毒，接著再以冰水浸泡過後，擰乾，以保鮮膜包覆，收進冰箱中冷藏保存。

[Nel Drip Tools]

1）要讓咖啡粉在布網中均勻分布所使用的棒子。照片裡的是櫻花樹枝削製的，也可使用木匙或免洗筷。2）秤豆子用量的秤子。也可以用咖啡豆匙量。3）手沖壺。盡量選用細壺嘴的咖啡專用手沖壺。店裡用的是「YUKIWA」製品。4）小鍋。因咖啡容易吸附味道，因此最好是準備一個不易吸附味道、煮咖啡專用的小鍋。5）法蘭絨布網。照片裡的是「Cocktail-Do」的產品。

STANDARD COFFEE

3

FRENCH PRESS

[法式濾壓法]

將磨好的咖啡粉放入杯中，注入熱水，從上方往下壓。
只要掌握幾個重點，
任誰都能沖泡出美味的咖啡。

推薦的一杯

巴布亞紐幾內亞

基本上以法式濾壓法，不論何種咖啡豆都能沖出美味的咖啡，因此會喝的人大多喜歡特別有個性的咖啡產地，以黑咖啡直接飲用。

➡ 示範者

矢澤秀和

進入1910年創業的日東珈琲株式會社之後，有2年的時間於總公司任職業務，之後到銀座本店擔任店長。每天都站在店頭沖泡咖啡。

含有咖啡豆的油脂 咖啡通會喜歡的味道

誕生於法國的法式濾壓法最近逐漸普及。器具像是沖泡紅茶用的濾壓壺，原本就是為萃取咖啡而設計的，優點是任誰來使用都能沖泡出一樣美味的咖啡，與其他沖泡方式相較之下，咖啡粉浸泡在熱水的時間較長，因此能充分萃取出咖啡豆所含的油脂與美味。只是喝到最後杯底會殘存一些咖啡粉，這個部分就剩下來別喝吧。

「因保留了豆子的油脂，增加了醇厚度與美味。」

DATA

CAFÉ PAULISTA 銀座本店

カフェーパウリスタ ぎんざほんてん

地址／東京都中央區銀座 8-9
長崎中心大樓 1F
TEL ／03-3572-6160
營業時間／8:30～21:30（L.O.21:00）
週日、國定假日 12:00～20:00
（L.O.19:30）
定休／無
http://www.paulista.co.jp/

擁有創業100年歷史的銀座咖啡老店，亦是日本喫茶文化的發祥地，今日店內仍保有著明治、大正時期的浪漫氣氛。以實惠的價格提供巴西等世界各主要產地的咖啡，也有貝果、三明治等餐點，並販售咖啡豆。

法式濾壓法的步驟示範

法式濾壓法只要選擇好品質的莊園豆，就能萃取出咖啡豆的美味，
很適合初學者來挑戰。

1

沖泡前才以磨豆機磨粉

咖啡豆要到沖泡之前才以磨豆機現磨，以咖啡量匙量好1杯的份量。

◀

2

將咖啡粉放入法式濾壓壺

咖啡量匙1平匙約為1杯份，10g。該店因為一次沖泡含續杯的2杯份，因此使用20g。

5

等待4分鐘的萃取

用烘焙計時器或碼錶確實計時。咖啡粉與熱水會在此時確實地融合、萃取。

Point 若放置過久，咖啡亦會走味，要注意。

◀

6

按下壓桿

4分鐘後，將過濾網平均地向下壓。

Point 輕而緩地向下壓。

[COFFEE DATA]

粗細度	粗
咖啡豆量	10g×2杯
水溫	90℃
水量	320mℓ

- □ 磨豆機
- □ 法式濾壓壺
- □ 咖啡量匙
- □ 烘焙計時器
- □ 咖啡粉容器
- □ 手沖壺
- □ 咖啡杯

3

注入熱水

將熱水壺提到較高的位置，緩緩注入熱水，可避免濾壓壺中的咖啡粉濺飛。熱水在沸騰之後使之稍微下降到90℃左右，一次注入預定的水量。

4

蓋上蓋子

將壓桿拉到最頂端，靜靜地蓋上蓋子。

7

濾網壓至最底的狀態

壓桿向下壓到底，經過金屬濾網，將咖啡粉與咖啡分離，成為上下2層漂亮的分層。

8

完成

倒入咖啡杯即完成。在CAFÉ PAULISTA通常會上空杯讓客人可以自己動手倒，並附上低脂、稍濃的牛奶。飲用到最後時，杯底會殘留一點咖啡粉。

請問一下！矢澤先生

Q

在家以法式濾壓法泡咖啡，有什麼訣竅？

A

選購比一般更好一點的咖啡豆

使用法式濾壓法沖泡，好咖啡豆的美味會直接呈現出來，相反的，品質較差的豆子也是一嘗就知道了。因此重點就在於使用買家直接購自產地、自行經過杯測後才進貨的自家烘焙，能夠表現出產地風土的咖啡豆。

只要抓到要竅 初學者也會覺得很簡單

以法式濾壓法沖泡的咖啡，液體表面上會浮著一層薄薄的油脂，這油裡包含了咖啡的美味，是其他沖泡法所無法表現的深度，亦是法式濾壓法的一大特點。

「尚比亞、蒲隆地、巴布亞紐幾內亞等個性鮮明產地的豆子，我都以法式濾壓法沖泡，黑咖啡直接飲用。」矢澤先生道。這樣的咖啡甘醇有韻，接近完美的口感，最適合推薦給咖啡通們品嘗。

「法式濾壓法最大的魅力在於與其他沖泡法相比，它十分簡單，只要量好咖啡粉的量、萃取的時間，任誰都可以沖泡出一杯美味的咖啡。」

這裡是重點

需特別用心的只有清洗。

法式濾壓壺的濾網部分，清洗其實也很簡單，平時只要在水龍頭底下沖洗，一般的水壓即可將咖啡粉沖掉，再以乾淨的抹布將水氣擦拭到全乾為止。若覺得卡垢時，可以將整個蓋子轉開分解，以中性清潔劑仔細清洗，或是以廚房漂白劑浸泡後沖乾淨即可。

[French press Tools]

1　2　3

1）北歐丹麥廚房用具品牌「bodum」的法式濾壓壺。堅固耐用又好清理。濾網部分的網孔大小每個品牌不同。2）業務用咖啡手沖壺。嘴端出口較細，在斟水時可以讓熱水細細流出，水流很好控制。3）法式濾壓法，準確地計量咖啡粉用量是一大要竅，因此需要咖啡量匙。此為1平匙約10g咖啡粉的咖啡量匙。

STANDARD COFFEE

4

SIPHON

[虹吸式咖啡]

虹吸式咖啡的萃取過程彷如科學實驗，
特殊構造使得香氣不易迭失，
成就不被技術左右的安定之味。

推薦的一杯

特選調配

包含了深城市烘焙巴西等5種咖啡豆的配方，雖然給人強勁鮮明的印象，卻不過沉重，風味豐富而多層次。

➡ 示範者

宮宗俊太

具有10年在電子相關產業擔任業務的經驗，在珈琲SHIPHON株式會社的河野雅信社長手下學習咖啡的技術，於2006年開設自己的店。

虹吸式的萃取過程讓人賞心悅目

虹吸壺使用的是玻璃製的上下壺，利用蒸氣壓力的原理萃取咖啡。現今虹吸壺的稱呼已廣為人知，其由來是商品名「河野式茶琲虹吸壺」，正式的名稱為「vacuum coffee maker」。咖啡咕嚕咕嚕地被吸起的畫面，總是讓人感到無限憧憬，看著虹吸壺煮咖啡的過程令人賞心悅目，也是其樂趣所在。在家使用虹吸壺時，建議使用酒精燈。

「直接引出咖啡豆的甘醇美味。」

DATA

Reels

リールズ

地址／東京都豊島區雜司谷2-8-6
TEL／03-6913-6111
營業時間／10:00～19:00
（週日、國定假日　～18:00）
定休／週一
http://reels.jp

店內有吧檯及桌位座兩種席位，並提供雜誌與書籍，可以悠閒地閱讀。有專業蛋糕師的自製蛋糕以及吐司類餐點。亦販售咖啡豆。

虹吸式咖啡壺的步驟示範

宮宗先生除了經營咖啡店，也擔任教授虹吸式咖啡壺的講師，
就請他來教我們在家以酒精燈燒煮虹吸壺的使用方法。

放入咖啡粉

以電子秤量好一定的咖啡粉，在點火之前，將咖啡粉倒進上壺。

將上壺斜插

將上壺斜插在下壺裡。若沒插上壺就直接加熱下壺，水滾之後很容易會冒出來，十分危險，請務必避免。

充分攪散咖啡粉

攪拌棒的動作漸漸放輕，使得咖啡粉充分地散開來。為了在攪拌結束後，讓咖啡粉可因比重的關係而分離，在上壺內繞圈攪拌2～3回，如此一來便能分離得很漂亮。

萃取

小心不讓熱水過度沸騰，邊注意火候大小，邊進行萃取。

[COFFEE DATA]

粗細度	中粗度研磨
咖啡豆量	24g
水溫	83℃
水量	240cc

※ 1杯份12g×2
※ 使用2人份咖啡壺

- □ 虹吸式咖啡壺
- □ 酒精燈
- □ 竹製攪拌棒
- □ 抹布
- □ 咖啡豆量匙
- □ 砂漏

3

點火

點火，注意火候。從濾網的鍊子開始冒泡（此時水溫約93℃）時，輕輕將上壺扶正插緊。熱水會開始慢慢從下壺上升至上壺中。

4

攪拌棒攪散咖啡粉

熱水開始從下壺往上壺升去，拿起攪拌棒將浮在水面上的咖啡粉攪散，使其盡量接觸熱水，這個階段只要大致攪拌幾下就可以了。

7

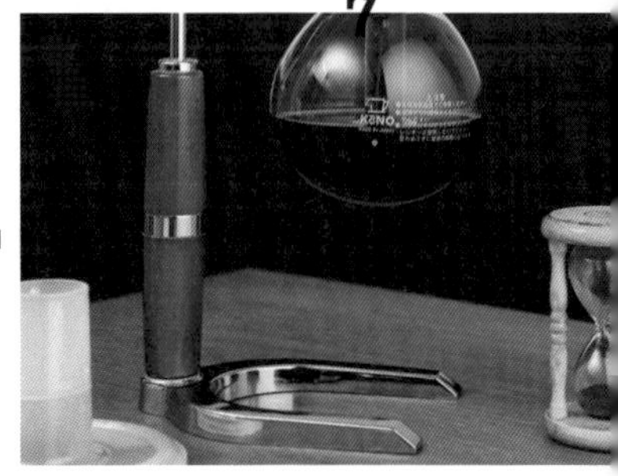

止火

算好浸泡時間，移走酒精燈，蓋掉火源，咖啡便會從上壺沖往下壺。

8

完成

移走上壺，掛回架上，將下壺的咖啡倒進杯子即完成。

請問一下！宮宗先生

Q

在家以虹吸壺煮咖啡，有什麼訣竅？

A

調節
酒精燈的火候
是關鍵所在

在家使用虹吸壺，要特別注意酒精燈的火候。火力太強時，溫度太高會造成過度萃取。火候大小可以藉由燈芯來進行控制，燈芯越長則火就越大，一般來說，燈芯的長度在5mm左右就可以了。

直接顯現出咖啡豆的品質

「只要能夠正確使用虹吸壺，咖啡就不太會受到個人技術優劣的影響，可以煮出較安定的口味。因為會直接顯現出咖啡豆的味道，使用虹吸壺必需使用經過良好烘焙加工的咖啡豆。」宮宗先生道。

虹吸壺是結合了浸漬法與透析法的萃取方式，在密閉空間裡空氣受熱膨脹，將熱開水經由管道由下往上推，浸泡到咖啡粉，移開火源後，膨脹的空氣便會回復到原本的體積，藉由濾器將咖啡液與粉分離。也有人認為，要確認烘焙咖啡豆技術的優劣，使用虹吸式煮法最合適。

這裡是重點

注意火候大小

左）濾布在使用前要先煮沸過，且 1 個月就要換一次，若是在家使用虹吸壺，可以改用濾紙式的過濾器，衛生又方便。中）要注意酒精燈的火力不要太強。火候大約是像照片中所示，火苗的最頂端能觸到下壺的底部即可。右）基本上如照片中的咖啡豆量匙 2 匙約為 24g，但也會因烘焙程度的不同，同樣的 2 匙，重量會有些差異。

[Siphon Tools]

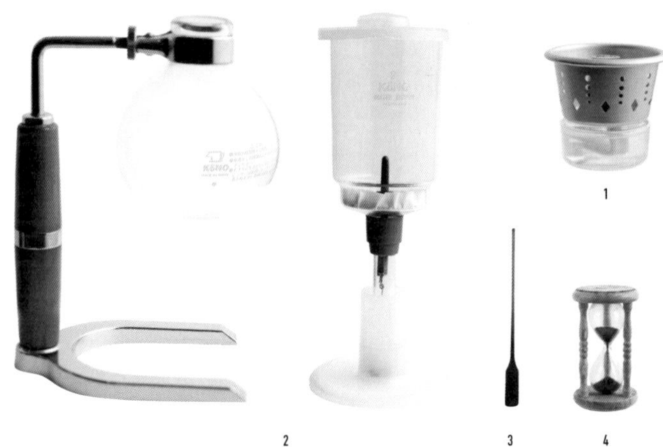

1）酒精燈。裡面的酒精膏可以在藥局等處買到。2）虹吸壺，Reels 使用的是 Coffee Shiphon 製品，型號為 SK-2A。我特別喜愛木製的握把，即使壞了，也可以買零件來更換。3）竹製攪拌棒。攪拌咖啡粉時用的攪拌棒，以不會刮傷玻璃的竹製攪拌棒為最佳選擇。4）砂漏，倒數萃取時間之用，也可以廚房電子計時器取代。

這次使用的咖啡豆

生豆屋招牌深焙

STANDARD COFFEE

5 ICED COFFEE

[冰釀咖啡]

不論是手沖還是冷泡的冰咖啡
都與市售的罐裝咖啡有雲泥之差。
接著就來學學可以引出咖啡豆原有風味的4種冰咖啡沖泡法。

攝影：内田トシヤス

由日本發祥的冰咖啡

冰咖啡的起源是大阪，最初是被稱為「冷咖啡」（冷やしコーヒー），因此現在大阪仍有將冷咖啡簡稱「冷咖」（レイコー）的文化留傳至今。

冰咖啡會因為咖啡豆的種類、烘焙度、磨粉粗細等不同組合，而產生各式各樣的風味與香氣，帶來多元的樂趣，讓我們也從頭來學學沖泡冰咖啡吧！

DATA

生豆屋
きまめや

地址／神奈川縣相模原市南區相南2-24-14　TEL／042-745-7774
營業時間／10:00～16:00
定休／週六、日，國定假日
http://www.kimameya.co.jp/

[材料] 5～6人份

咖啡豆 60g（中度研磨，深烘焙）

水 1ℓ

- □ 濾杯、濾布（也可用濾紙代替）
- □ 容量1ℓ以上的水壺2個（或用鍋子也可以）
- □ 手沖壺

芳香美味的冰咖啡沖泡步驟示範

香氣與苦味強勁，帶有透明感的風味，藉由水來沖泡就能迅速、輕鬆完成也是一大魅力。

1

將咖啡粉倒入容器中，注水

在水壺等容器中倒入咖啡粉，注入1ℓ的水（若想製作較少量時，以一半的份量30g咖啡豆、500mℓ的水來沖泡，同樣美味）。

2

以湯匙等工具輕輕攪拌

以攪拌棒或湯匙攪動約30秒，使水與咖啡粉均勻融合。不必太過用力，也不要急，輕而緩地攪拌就可以，若過度攪動，則會過度萃取，要留意。

3

靜置10分鐘～1個小時

暫時靜置（若能放冰箱更好），咖啡粉會逐漸吸水膨脹，此時要避免攪動它。浸泡時間短則風味清爽，時間長則能顯現出強烈個性。

4

再次攪拌均勻後，過濾

最後再輕輕攪拌，架好濾杯及濾布，將咖啡倒進濾杯過濾，完成後即可倒入玻璃杯，再依個人喜好加冰塊。濾布也可以用濾紙取代。若不喜歡濾紙會有味道干擾，還是建議使用濾布。

這裡是重點

建議咖啡粉的粗細度與手沖熱咖啡時一樣使用「中度研磨」。上述的沖泡方式，咖啡豆的品質與香氣會有很大的影響，請務必使用新鮮、深烘焙、有香氣的咖啡豆，千萬不可使用已氧化的老豆子。咖啡液乍看之下顏色很淡，但咖啡豆的成分已充分萃取出來。

究極的冰咖啡沖泡步驟示範

從沖泡到冰釀完成的時間盡量縮短是美味的關鍵。
在此就介紹瞬間冷卻的沖泡方法。

1

將濾杯架在裝滿冰塊的容器上

在容器中裝滿大量的冷塊，濾杯鋪好濾布後，架於容器之上，倒進咖啡粉。若是使用新的濾布，請事先煮沸消除藥水臭味。

2

讓咖啡粉均勻分布

倒進咖啡粉後，若表面的咖啡粉不平整，可將濾杯拿起左右搖晃，使咖啡粉得以平整。

5

緩緩地朝濾杯的洞注入熱水

在濾杯下方的洞附近前後緩緩地注水，手勢輕盈到咖啡粉表面不會有起伏的程度。悶蒸時所形成的咖啡粉表面要盡可能小心不讓它崩塌，若發現注水過快時就先暫停一下再繼續。

6

在急速冷卻中萃取

開始滴落的咖啡液接觸到冰塊後便能急速冷卻，在沖泡結束之際便完成急速冷卻是最好的狀態。沖完熱水馬上就要將濾杯移開。

[材料] 4～5人份

咖啡豆 50g（中細度研磨，深烘焙）
沸騰的開水 450mℓ
大量的冰塊（裝滿整個容器）

- □ 濾杯、濾布（也可用濾紙代替）
- □ 容量1ℓ以上的水壺2個
- □ 細口手沖壺　□ 溫度計

這裡是重點

用這個方法製作的冰咖啡不僅能夠確實留下咖啡的香氣，還能享受到具有透明感的風味。由於是急速冷卻，氧化的速度比熱咖啡慢，因此可以保存較久。如果沒有撈去冰塊直接就進冰箱保存，味道會被稀釋，要注意。這樣沖出的冰咖啡不論是直接飲用或是加牛奶做成冰拿鐵都很美味。

3

使用細口的手沖壺沖入熱水

以裝了水溫約90℃左右熱水的細口手沖壺，自濾杯的中心以畫圓般注入熱水，使所有的咖啡粉都濡溼。開水要選用冷了喝也很美味的好水。先以水壺燒開，再移往未溫壺的細口手沖壺，讓水溫稍微下降至適合沖泡咖啡的溫度。

4

悶蒸約1分鐘

注水之後暫停1分鐘進行悶蒸。第一次注水便是為了這個步驟，所以不要一次注入太多水，大約是濾杯咖啡液將開始滴落而未滴的程度是最剛好的。若使用的是新鮮的咖啡豆，咖啡粉在悶蒸時會不斷膨脹，等待時觀賞這些變化也是手沖咖啡的一大樂趣。

7

以濾杯過濾冰塊

將變熱的濾杯放在水龍頭下沖水冷卻後，架於另一容器上，將咖啡液再次通過濾杯，濾除冰塊。若是沖完馬上要喝，省略這個步驟也沒關係。若濾杯沒有先冷卻就直接拿來用，會讓咖啡液變得溫溫的，要注意。

8

這樣就完成了！

放冰箱可保存1～2天沒問題

進冰箱冷藏1～2天內都很好喝。只是放越久，冰咖啡特有的透明感會逐漸消失，就會變得與一般市售罐裝咖啡很像，還是盡早飲用完畢。若是容器直接進冰箱，要記得關緊蓋子。

[材料] 5～6人份

咖啡豆 70g（中度研磨，深烘焙）

水 1ℓ

- □ 冷泡專用咖啡袋
- □ 縱長水壺

冷泡咖啡包的沖泡步驟示範

方法就像是泡麥茶一樣，
誰都會，輕鬆又簡單。

1

在水壺中放進 1 袋冷泡咖啡粉包

水壺先裝滿 1ℓ 的冷開水，放進裝了咖啡粉的冷泡咖啡粉包，緊緊關上水壺的蓋子，讓蓋子壓得到咖啡粉包，使其完全沉入水中。

2

進冰箱靜置 2～3天

進冰箱保存 2～3 天，「幾乎都要忘了它的存在」時就完成了。因為用的是新鮮的咖啡豆，會產生些許的氣泡，因是二氧化碳，食用上並不會有問題。

這裡是重點

在家自製咖啡粉包時，要選用適合冷泡的咖啡豆（咖啡店通常會用「深烘焙」混豆）70g，細度研磨後裝進冷泡咖啡袋。冷泡咖啡袋最好是選用有助於萃取的細長形。一般來說，冷泡咖啡大約2～3天即可飲用，但就算再放久一點，也幾乎不會出現雜味或酸味。

[材料] 5～6人份

咖啡豆 80g（中度研磨，深烘焙）

水 1ℓ

□ HARIO冷泡咖啡專用壺

冷泡咖啡壺的沖泡步驟示範

短時間內泡出好喝的冷泡咖啡！
口感圓潤而帶著些許的苦味。

1

將裝了咖啡粉的濾網裝回壺中

將裝了咖啡粉的濾網裝回已盛好1ℓ冷開水的冷泡壺中。讓裝了咖啡粉的濾網靜靜地沉浸在水中是一大重點。

2

慢慢注入分量外的水

慢慢地朝濾網注入分量外的水，一方面是要讓深烘焙的咖啡粉全部都濡溼，另一方面則是要將水加滿。若沒有將水裝滿整壺，就無法完全萃取，請務必將水加到最滿的程度。

3

緊緊關好蓋子放進冰箱

冷泡壺加了滿滿的冷開水之後，蓋緊蓋子放進冰箱靜置12個小時～1天即完成。咖啡豆越新鮮，就需要浸泡越久。若咖啡粉浮在水面，可以用湯匙等輕輕地壓一下。

COLUMN

冷泡咖啡是怎麼發明出來的？

冷泡咖啡又稱為「Dutch Coffee」，「Dutch」意指荷蘭人，據說是荷蘭人所想出來，讓具有獨特且明顯香味與風味的羅巴斯塔咖啡好入口的沖泡方式。

這裡是重點

HARIO所推薦的「8小時冷泡法」是要不時攪拌咖啡粉而持續萃取，味道會較淡，不過若是拉長時間2～3倍，即12個小時～1天，就能泡出有深度而口感溫潤的咖啡。因為是長時間低溫萃取，不僅口感好也能充分釋出咖啡的成分，是冷泡咖啡的特色。

一次可完成熱咖啡與冰咖啡的沖泡步驟示範

一次想要雙重享用熱咖啡與冰咖啡或是客人來訪時；
若能學會這種方法訣竅，是很方便的喔！

1

將咖啡粉倒進濾杯

首先將新鮮深烘焙的咖啡豆磨成粉，倒入鋪好濾布的濾杯。

2

讓咖啡粉均勻分布

將濾杯拿起左右搖晃，使咖啡粉得以平整。

5

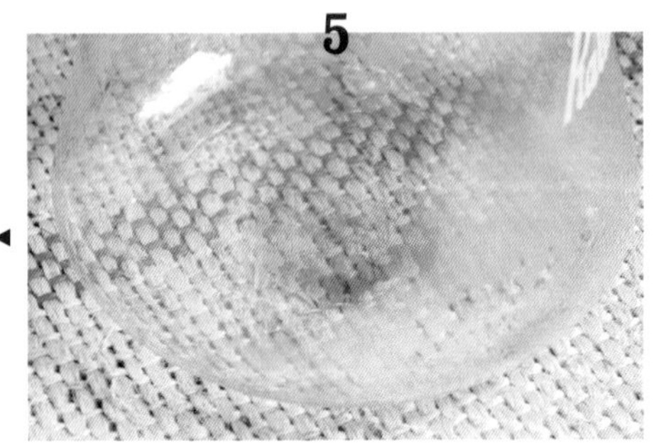

等待咖啡液滴落

悶蒸時，咖啡液可以有少數幾滴落下的程度是最剛好的。

6

以細口手沖壺注入熱水

在濾杯下方的洞附近畫圓般緩緩注入熱水。

[材料] 5～6人份

咖啡豆 60g（中度研磨，深烘焙） 大量的冰塊（裝滿整個容器）
沸騰的開水 650mℓ

- □ 濾杯、濾布（也可用濾紙代替）
- □ 容量1ℓ以上的水壺2個
- □ 細口手沖壺

這裡是重點

有多位客人來訪時，有人要喝熱的，也會有人想要冰的咖啡，此時用這個方法就很方便。首先，在萃取咖啡液時不直接以冰塊冰釀，而是以一般容器先裝就好，如此一來，沖泡好的咖啡倒進杯子裡，剩下的則倒進裝有冰塊的容器，就能一次完成2種咖啡。

3

緩慢注入少量的熱開水

緩而慢地注入少量的熱開水，悶蒸咖啡粉。

4

稍稍悶蒸一下

讓咖啡粉整個濡溼之後進行約1分鐘悶蒸。咖啡粉會一點一點地膨脹。

7

移開濾杯

注入所需量的熱水之後，將濾杯自容器上移開。

8

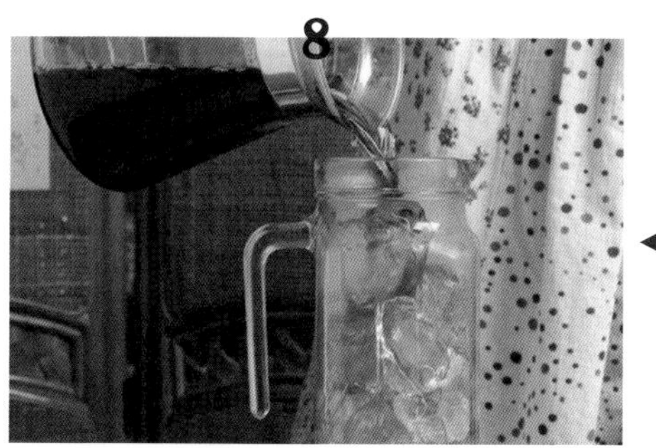

倒入裝有冰塊的水壺，製作冰咖啡

沖泡好直接倒進杯子即成為熱咖啡，倒進裝有大量冰塊的容器則成了冰咖啡。為了要泡冰咖啡，剛沖好的咖啡味道較濃，熱飲時可以再依個人喜好加熱水、牛奶、鮮奶油調整。

STANDARD
COFFEE

6

ESPRESSO

[義式高壓法]

使用義式咖啡機，透過高壓蒸氣引出咖啡豆最大極限的美味
是義式高壓法的魅力。
以濃縮咖啡(espresso)為基底做出多樣變化的花式咖啡亦是樂趣十足。

認識義式咖啡機

義式咖啡機不論是業務用還是家用，其構造與操作方法幾乎都一樣，
先來認識基礎的使用方法。

①

氣壓與熱水的出口

沖煮頭（Group Head）

沖出濃縮咖啡所不可或缺，壓力與熱水出口的部分。家用義式咖啡機分為 2 種咖啡把手，一種是填裝咖啡粉，另一種為適用專利式 E.S.E. 咖啡便利包（coffee pod）的機型。

②

調整理想的壓力

壓力計

確認萃取時壓力大小，理想為 9 大氣壓力（bar）。家用義式咖啡機所能輸出的壓力會因為機種而不同，購買時要注意確認。擁有足夠的壓力才能煮出美味的濃縮咖啡。

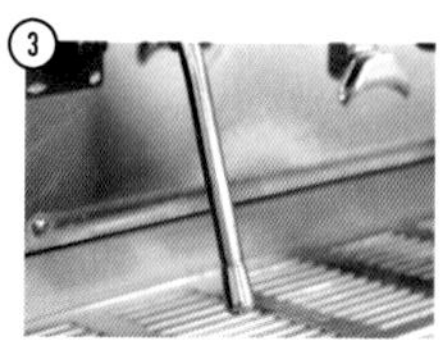

③

製作奶泡

蒸氣噴管（Steam Nozzle）

噴出蒸氣，製作奶泡。牛奶量與奶泡搭配組合可變化出卡布奇諾、拿鐵、瑪奇雅朵等不同的飲品，是享受濃縮咖啡多元性不可或缺的一大機能。

操作機械的方法將左右咖啡品質

義式高壓法推動了被稱為西雅圖系的咖啡連鎖店的發展，並使咖啡成為人手一杯的飲品，家用正統義式咖啡機的普及，使得濃縮咖啡為首的卡布奇諾等原本在咖啡店才喝得到的風味，也能在家享受。然而製作出一杯咖啡的，從頭到尾都不是機械，而是人的手，這更讓我們體會到即使是專業的咖啡手，同樣的器具、同一支豆子沖泡出來的咖啡，味道也會因人而產生微妙的不同，濃縮咖啡就是這麼細緻而深奧的飲品。不過若是用錯方法，就算有再好的豆子與器具都是浪費的，所以首先我們就從基礎開始，沖出屬於自己的那一杯咖啡。

DATA

Scrop COFFEE ROASTERS 目白店

スクロップ コーヒー ロースターズ めじろてん

地址／東京都豊島區目白 3-3-1
目白廣場大廈 1、2F
TEL ／03-5988-5578
營業時間／7:00～22:00、
週日、國定假日 8:00～21:00
定休／無
http://www.scrop-coffee-roasters.com

在此可買到細緻烘焙、新鮮的莊園豆。依照咖啡豆的特性，以手沖、法式濾壓、愛樂壓（AeroPress）的方式沖泡，亦不時舉辦咖啡教室。

美味濃縮咖啡的沖煮方式

義式咖啡機
是所有咖啡館的基礎，
好好地來學會基本的操作手法吧！

[材料]

濃縮烘焙（Espresso Roast）的咖啡豆…18g（double）

[使用的豆子]

Scrop Espresso Blend

40%使用被稱為曼特寧最高峰的藍湖曼特寧（Blue Batak），形成結構厚實的口感，以及適合搭配牛奶，帶有烘烤堅果的香氣。

濃縮咖啡是一切的基礎

不論是沖泡好後，直接以濃縮咖啡杯(Demitasse cup)飲用，或是與其他材料調成卡布奇諾、拿鐵等無限變化的花式咖啡，濃縮咖啡是所有咖啡館不可欠缺的基底。要在家裡重現咖啡館的味道，能否沖出一杯好的濃縮咖啡是第一道關卡。那麼就來示範義式咖啡機的基礎操作方式，以及讓咖啡豆發揮其甘醇、香氣等最大潛能，濃縮在1盎司的小杯子裡的方法。學習操作的訣竅後，接著就是練習以自己的機械，沖泡出美味的咖啡來。

[Espresso Tools]

1）拉花鋼杯。用於以蒸氣加熱牛奶、打出奶泡時。要拉花的話，建議要有V形杯嘴較方便。2）濾器把手／咖啡杓（Porter Filter）。在握把最前頭連結的濾網中填進磨好的咖啡粉，以填壓器壓緊後，裝在沖煮頭上。3）計時器。理想的萃取時間為1盎司20～30秒，為能達到這理想，要調整壓力或是咖啡粉的粗細度。4）一口杯／盎司杯（Shot Glasses）。杯身上有刻度，可看到萃取出來的濃縮咖啡量。1 Shot為1盎司（30 mℓ）。5）填壓器（tamper）。將濾網中的咖啡粉從上往下壓，使其平整填充的工具。

1

將咖啡粉放進濾網

將適合義式咖啡機、磨得極細的咖啡粉放進濾網。以 single shot 的濾網來說，份量約為 8～10g。

2

使咖啡粉表面平整

咖啡粉填滿濾網，表面鋪平可沖出 1 杯份的濃縮咖啡。將表面多出來的咖啡粉推掉後，以填壓器壓在濾網的咖啡粉上，用力向下壓。

3

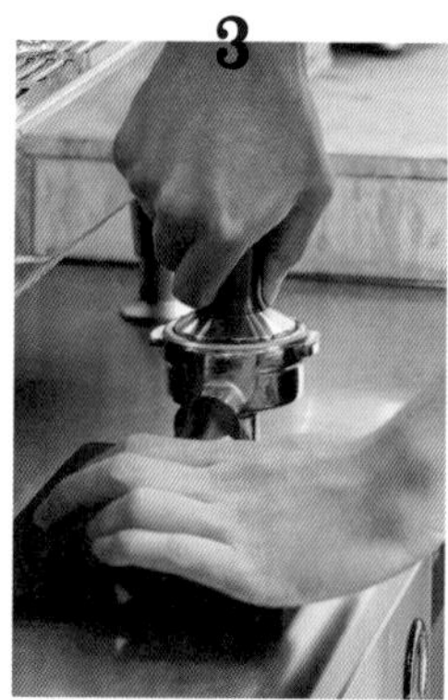

利用全身的重量壓實

為了要讓濾網中的咖啡粉可以平整，毫無空隙地緊壓在一起，要利用全身的重量來壓實。這個動作稱作為 tamping，可以讓壓力與熱水均勻地通過咖啡粉。

4

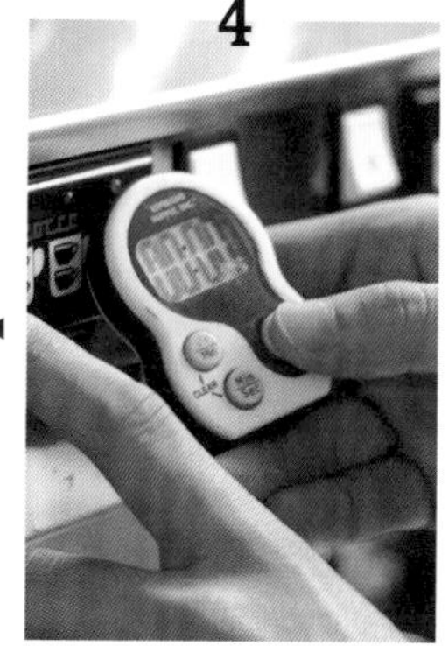

計算萃取的時間

開始萃取。每當使用新的豆子之際，需要確認合適的壓力與出水量，重新調整萃取的時間。

5

萃取 20～30 秒

理想的萃取時間 20～30 秒萃取出 1 盎司的咖啡液。為能接近標準，得調整咖啡粉的粗細度。磨得越細則萃取時間越長。

6

關鍵在於滑順度

浮在咖啡液表面的一層泡泡為咖啡油脂（crema），結構綿密的咖啡油脂是美味濃縮咖啡的表現。推薦加點糖直接飲用。

奶泡製作的方式

細緻綿密的奶泡，
可以為濃縮咖啡帶來更多的變化與樂趣。

[材料]

無調整成分的牛奶…170cc

Point

拉花鋼杯的角色

打奶泡時，會讓牛奶的體積增加，因此鋼杯的容量要預留空間才夠用。

熟悉分量與打法
就能自在地操作

在所有咖啡店裡，支撐起義式濃縮咖啡的重要配角，便是以義式咖啡機的蒸氣噴嘴將牛奶加熱打發而成的奶泡。在濃縮咖啡上注入結構紮實的奶泡就是一杯卡布奇諾，若是奶泡加得少，則成了拿鐵，再少些便是瑪奇雅朵。只是加入不同的奶量與奶泡厚度，喝起來簡直就像是另外一種飲品。將牛奶加熱打發時，要注意的是不要過度加熱，牛奶在60～70℃時最能品嘗到它的甘甜，所以一開始先以溫度計準確測量並熟悉溫度的感覺，亦是很重要的練習。

這裡是重點

打出細緻奶泡的訣竅

蒸氣噴管的最前端噴頭的地方停在牛奶的表面，使得大量的空氣打入牛奶裡，打出更加細緻的奶泡，這個動作叫做 stretching，可以讓奶泡變得很綿密。

注意蒸氣噴管的高溫！

蒸氣噴管連接的鍋爐內溫度將近120℃，使用上不僅要注意自己，還要特別小心附近的其他人，千萬不要被蒸氣噴到燙傷了。

使用後務必清潔乾淨

會插入牛奶中的蒸氣噴管，應當保持清潔，使用後馬上用乾淨的抹布擦拭，並再開蒸氣使積留在管中的水分噴出，回到原本乾淨的狀態。

1

將牛奶倒入拉花鋼杯

將自冰箱中取出的冰牛奶倒入拉花鋼杯，1杯卡布奇諾所需要的牛奶約為170 cc。

2

使用前先噴過一次蒸氣

使用前先噴過一次蒸氣，排出積留在管中的熱水。

3

將空氣打入牛奶中

開始加熱，將蒸氣噴管的最前端拉到靠近牛奶表面，讓蒸氣打入牛奶中。

4

以手心確認溫度

當手心感受到鋼杯的溫度接近洗澡水的水溫（約40℃）時，就可以把蒸氣噴管往鋼杯裡移，大約是到牛奶量一半的部分。

5

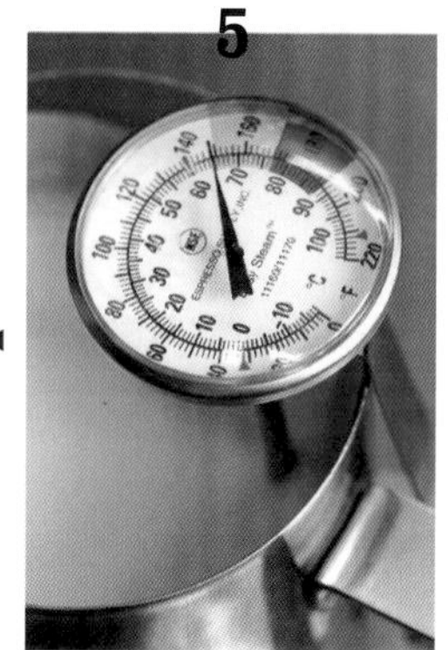

不要過度加熱

牛奶的溫度最高以約65℃為理想，再升高的話，就會走味。

6

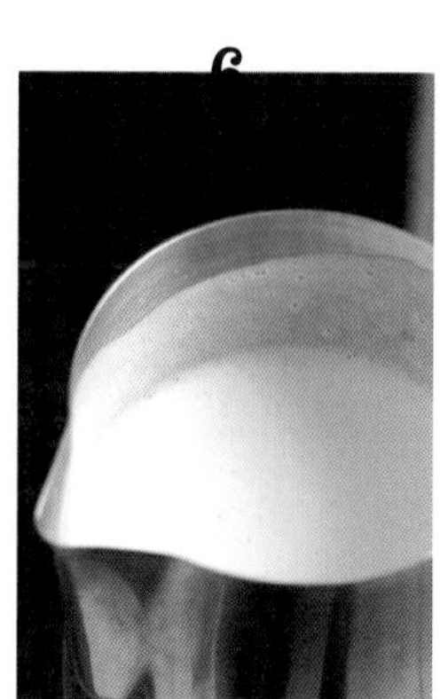

完成

極細緻的奶泡完成。

挑戰拿鐵藝術！

拿鐵藝術（Latte Art）有兩種，
其一是以拉花鋼杯拉出圖案的，稱為拉花（Free Pour），
接著就來練習最基本的「心形」圖案吧！

DATA

Double Tall Café 澀谷店
ダブルトールカフェ しぶやてん

地址／東京都澀谷區澀谷 3-12-24
Shibuya East Side 大樓 1、2F
TEL ／ 03-5467-4567
營業時間／11:30 ～ 23:30
（餐點 L.O.22:30、飲料 L.O.23:00）、
週六 11:30 ～ 21:00
（餐點 L.O.20:00、飲料 L.O.20:30）
定休／週日、國定假日
http://www.doubletall.com

這樣就完成囉！

[材料]

濃縮咖啡用咖啡粉（極細）…7～8g
牛乳…160 cc

這裡是重點

牛奶要從杯子的中心注入，待水位浮到一定程度時，拿著拉花鋼杯的手要從靠身體的那一端往杯子另一端移到底後停止。

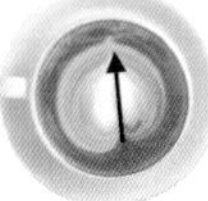

美麗的拉花是美味的保證

濃縮咖啡加溫牛奶即為拿鐵，在拿鐵的表面上畫的圖案即為拿鐵藝術，並分為以拉花鋼杯拉出圖樣的拉花，以及使用工具畫出圖案的雕花（Etching）2種，接著就來學學拉花的步驟吧！

開始注入牛奶

將一份濃縮咖啡倒進咖啡杯，接著將奶泡從稍高處緩緩注入咖啡杯的中央。

拉花鋼杯的嘴靠近咖啡杯

拿著拉花鋼杯的手從稍高處慢慢往咖啡杯靠近，在同樣的位置不斷注入牛奶。

讓牛奶浮於表面

讓牛奶逐漸浮於表面的同時，拉花鋼杯微幅地左右搖動，畫出圓形。

完成愛心的圖案！

最後想像在圓形的中心畫出一條橫切線般，將鋼杯從咖啡杯的一側往另一端移動到底後停止。

製作濃縮咖啡與奶泡

濃縮咖啡

[作法]

❶ 將咖啡粉放進濾網中，以湯匙刮除多餘的咖啡粉。
❷ 以填壓器自中心平均地將咖啡粉填實。
❸ 咖啡粉若是平整而固定的狀態即可使用。
❹ 將咖啡把手裝上咖啡機，開始萃取。

奶泡

[作法]

❶ 將牛奶倒入拉花鋼杯。
❷ 將空氣打入牛奶中，空氣與牛奶混合而發出「唧唧唧唧」的聲音時，將蒸氣噴管往鋼杯深處放，攪拌牛奶。
❸ 將鋼杯在桌上輕輕敲兩下，讓牛奶中的氣泡散掉，融入牛奶中。

煮出一杯完美卡布奇諾的方法

既然已經有濃縮咖啡與奶泡，
就來挑戰卡布奇諾吧！

[材料]

濃縮咖啡…double

奶泡…適量

Point

兩者同時作業

為了防止濃縮咖啡與奶泡走味或是溫度不夠，兩者要同時操作。

在濃縮咖啡注入牛奶 就能重現咖啡館的美味！

卡布奇諾（Cappuccino）名字的由來，有一說是其顏色、形狀與天主教會修士的道袍 Cappuccio 相似而取的，這項義大利國民飲料，只要能夠練好煮濃縮咖啡及打奶泡的方法，其他便都簡單了，接著就只是依個人口味調整牛奶量與奶泡厚度。不過，義大利人喝卡布奇諾都是在早餐時段，中午過後還喝可就會被說是沒品味，這也是因為一般認為牛奶不好消化，不該太晚喝。只要多練習將奶泡倒入咖啡裡的手勢，以牛奶在表面上畫出圖案，做出漂亮的拉花，就有咖啡師的樣子了?!

COLUMN

拿鐵與卡布奇諾的差別

咖啡拿鐵與咖啡歐蕾其實都是指咖啡牛奶的意思，差別僅在於前者為義大利文，後者為法文。只是法國的咖啡拿鐵有時也會用手沖咖啡加牛奶。卡布奇諾與拿鐵的差別則在於奶泡的結構不同，卡布奇諾的奶泡要仔細地打得綿密才算成功。

這裡是重點

享受拉花的過程

上）初學者可從畫出愛心開始練習。只要變化倒牛奶那隻手的高度，就能在表面畫出白色圓圈。下）倒牛奶的手左右擺動，接觸到咖啡的落點就會跟著拉出線條畫出葉子，這也是常見的拉花。

趁熱快開始

同時煮好濃縮咖啡並打好奶泡，趁熱開始製作卡布奇諾是成功的要點。咖啡杯以保溫性佳、厚實的陶製品最為理想。

1

將濃縮咖啡倒進杯子

煮好濃縮咖啡打好奶泡後，首先將濃縮咖啡倒進杯子。

2

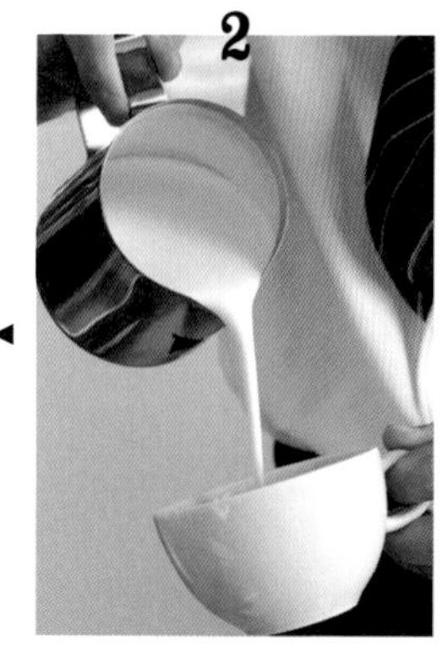

從高處開始倒牛奶

想像讓奶泡潛入濃縮咖啡底下的樣子，由高處注入牛奶。

3

慢慢將倒牛奶的手放低

慢慢地將拿著鋼杯的手往杯子靠近，讓奶泡浮在表面。

4

於表面畫圓

從這裡開始便是高級技巧。以杯子的中心為目標，讓奶泡集中落在此，於表面畫出圓形。

5

以一直線切過圓形

倒出的牛奶量減少、變細，移動手一直線畫過浮於表面的圓。

6

畫出愛心

於是不可思議地就形成了愛心的圖樣。請持續這個美味的練習直到熟練為止。

ARRANGE RECIPE

濃縮咖啡的各種變化

濃縮咖啡加上少量奶泡即是瑪奇雅朵，或以冰砂機、雪克杯做成花式冰咖啡等，接著就來介紹幾款濃縮咖啡的簡單變化配方。

瑪奇雅朵

[材料]

濃縮咖啡…single
牛奶…45cc

[作法]

❶ 在濃縮咖啡裡放上與拿鐵等量的奶泡。

＼這是最基本的／

咖啡摩卡

[材料]

濃縮咖啡…double
牛奶…230cc
巧克力醬…1大匙多一點
可可粉…適量

[作法]

❶ 在杯中加入濃縮咖啡、巧克力醬。
❷ 倒進與拿鐵等量的奶泡。
❸ 撒上可可粉即完成。

黑糖蜜拿鐵

[材料]

濃縮咖啡…double
牛奶…230cc
黑糖蜜…接近2大匙
現磨芝麻粉…2小匙

[作法]

❶ 將黑糖蜜與現磨芝麻粉充分混合，做成黑糖芝麻醬。
❷ 將濃縮咖啡與❶的黑糖芝麻醬都倒進杯裡。
❸ 倒進與拿鐵等量的奶泡即完成。

焦糖榛果摩卡

[材料]

濃縮咖啡…double
牛奶…230cc
巧克力醬、焦糖糖漿、榛果糖漿…各1/2大匙
可可粉…適量

[作法]

❶ 在杯中加入濃縮咖啡、各式糖漿。
❷ 倒進與拿鐵等量的奶泡。
❸ 撒上可可粉即完成。

白摩卡

[材料]

濃縮咖啡…double
牛乳…230 cc
白巧克力醬…1/2 大匙多一點
可可粉…適量

[作法]

❶ 在杯中加入濃縮咖啡、巧克力醬。
❷ 倒進與拿鐵等量的奶泡。
❸ 撒上可可粉即完成。

豆奶拿鐵

[材料]

濃縮咖啡…double
豆奶…230 cc

[作法]

❶ 煮濃縮咖啡的同時以蒸氣噴頭將豆奶加熱。
❷ 濃縮咖啡倒入杯中，加進溫熱的豆奶即完成。

濃縮康保藍（Espresso con Panna）

[材料]

濃縮咖啡…double
鮮奶油…適量

[作法]

❶ 濃縮咖啡擠上一球鮮奶油即完成。

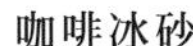

咖啡冰砂

[材料]

濃縮咖啡…single
牛乳…90 cc
糖漿…2 大匙
冰塊…1 杯

[作法]

❶ 將所有材料倒入冰砂機中。
❷ 開啟電源直至冰塊打成冰砂為止。
❸ 倒進杯中即完成。

一杯漂亮的冰咖啡完成！

雪克咖啡（Caffe Shakerato）

[材料]

濃縮咖啡…double
糖漿…2 小匙
小冰塊…雪克杯約 7 分滿

[作法]

❶ 將小冰塊與糖漿放進雪克杯。
❷ 倒進濃縮咖啡，持續搖動雪克杯直至表面結霜。
❸ 倒進杯中，並將最底下的泡沫置於最頂端。

STEP UP TECHNIQUE

1

HOME ROAST

[自家烘焙]

若想要追求完全符合自己喜好最完美的一杯咖啡，
請務必挑戰自己在家烘焙咖啡豆。
接著將由烘豆專家來傳授不失敗的方法與訣竅。

攝影：加藤史人、八木龍馬

掌控好溫度與時間是成功的祕訣

「烘豆最為重要的關鍵在於溫度與時間的掌控。」天坂老師說。

「要烘出堅硬而芬芳的豆子，需要相當的火力，在強力的瓦斯爐口架上桌上型烤爐用的網子，想像著在一張熱布裡搖著豆子讓它轉動的模樣來烘焙。第二重要的是時間的掌控，約4分半鐘若所有的豆子都能均勻地變成黃色，那大致來說就成功了。記錄每1分鐘的溫度變化，記住每次烘豆成功時的條件，就能慢慢地摸索出手感。世界上最完美的咖啡就是用自家烘焙豆煮出來的那一杯，一旦學會烘豆，就再也回不去了。

DATA

WILD 珈琲

ワイルドコーヒー

地址／東京都台東區
淺草橋4-20-6
TEL／03-3865-8318
營業時間／9:00～18:00
定休／週六、日，國定假日
http://www.wild-coffee.com/

➡ 示範者

天坂信治

曾於咖啡烘焙公司任職，30歲獨立創業，開設了「WILD 珈琲」。除了烘焙、販賣咖啡豆，也開設烘豆教室、著手開發咖啡烘焙手網，致力推動自家烘豆的普及。

[Home Roast Tools]

必備器具

烘豆最理想的狀態是使用商用烘豆機，
然而若是在家使用一般器具能夠實現相近的條件，
就算只是自家烘豆也能有不輸專業的成果。

1）裝橘子的網子。兩個網子套在一起，洗生豆時很方便。2）碼錶。可設定每分鐘響一次的碼錶，或是用智慧型手機的應用程式替代。3）烘焙計時器。計量整個烘焙時間用。4）冷卻用的電風扇，也可以吹風機的冷風取代。5）濾杯與咖啡壺。平常使用的即可。6）卡式瓦斯爐。火力可達4000㎉/h 以上的。7）WILD 珈琲自家生產咖啡烘焙手網。手把處有可顯示豆子溫度的溫度計。8）桌上型烤爐用爐架／聚熱圈。可在居家用品店買到。9）篩子，烘好豆子冷卻時會用到。

挑戰自家烘焙！

隨著烘焙的進行，咖啡豆的香氣與跳動的聲音擴散開來，
藉由香氣與聲音，抓準自己想要的烘焙度。

1

量豆

咖啡豆經過加熱後體積會膨脹一倍左右，若一次烘焙的豆子太多，就無法烘得好，一次大約烘125g～150g左右，烘焙之前最好先量過。

2

挑選

仔細地將有缺陷的豆子挑除。被蟲蛀過有小洞的豆子可能裡面會長黴，務必要去除。

3

洗豆

將豆子倒進 2 張套在一起的網子中，彼此摩擦清洗，搓去最外層的銀皮。若是略過這個步驟，沖煮咖啡時將會釋出大量的雜質干擾咖啡的味道，因此要好好清洗。

7

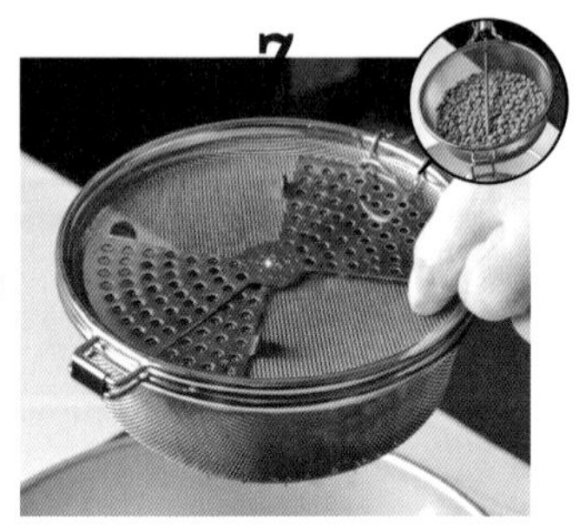

打開風量調節板

自烘焙開始起算過了4分半鐘左右，咖啡豆開始變成漂亮的黃色，看到這樣的變化時，就可以將風量調節板打開一半。

8

一爆

烘焙經過 8 分鐘左右，開始會有劈啪響的聲音，這就是一爆。聽到聲響後，即可將風量調節板全開。

9

二爆

一爆結束後馬上就會發生二爆。二爆開始後約10秒鐘，便差不多是城市烘焙（City Roast）的程度，40秒則為深城市烘焙（Full City Roast），完成時豆子的味道就會跟著烘焙度而變化。

→ 烘焙的流程

時間	～4分半鐘	8分鐘～	10分鐘～
豆子的狀態	豆子的水分完全釋出，整體變成黃色。	豆子開始劈啪跳動（一爆）。	一度靜止的豆子又再次劈啪作響（二爆）。
烘焙度	—	一爆最高峰…淺烘焙～肉桂烘焙 一爆結束…中度烘焙	二爆開始…濃度烘焙～城市烘焙 二爆最高峰…深城市烘焙

烘培度參照：淺烘焙／極淺度烘焙（Light Roast）、肉桂烘焙／淺度烘焙（Cinnamon Roast）、中度烘焙／微中烘焙（Medium Roast）、濃度烘焙／中度微深烘焙（High Roast）、城市烘焙／中深度烘焙（City Roast）、深城市烘焙／微深度烘焙（Full City Roast）。

4

拭乾

洗好的豆子鋪在乾淨的布上，徹底地吸除水氣。如此一來才能烘出品質穩定的豆子。

5

將豆子移至手網

豆子擦乾之後，趕緊移至手網中開始烘焙，以防豆子變軟。最好是在擦乾之後的5分鐘內進行烘焙。

6

開始烘焙

將火力開到最大，在手網距離火炙約20cm的位置左右搖動，想像是在一片熱布中讓豆子轉動的狀態下烘焙。

10

倒進篩子，冷卻

達到個人喜好的烘焙度之後，便將豆子倒進篩子裡，以吹風機的冷風或是利用電風扇盡快地將豆子吹涼，否則餘熱會讓豆子再繼續加深烘焙度。

11

再次撿選

咖啡豆完成散熱後，進行再次撿選，務必將烘得不夠好的豆子（烘不夠或是過頭）挑除。

12

杯測

以固定的條件（2人份18～20g，83℃沖煮240mℓ的量為準）沖泡咖啡，測試味道。確認是否有燒焦味、澀味、雜味等，並做紀錄。

[Knowledge]

烘豆的訣竅

學會了烘豆，
咖啡的世界將迅速擴大。
接著，來挑戰烘豆時不可不知、學會就不易失敗的訣竅。

①

強火炒豆

烘豆理想的狀況是使用專業烘豆機。若是以烘焙手網＋瓦斯爐烘豆時，盡可能選用火力強大的瓦斯爐，並使用聚熱圈。

②

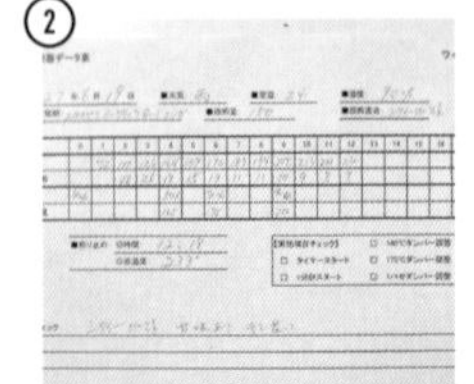

正確地管控溫度

維持最強火力，記錄下每1分鐘的上升溫度是很重要的。照片裡是天坂先生以專業烘豆機烘豆時所使用的烘焙記錄表。

③

利用碼錶
確實掌控時間

要記錄下每1分鐘的上升溫度，不可欠缺的便是碼錶。當烘豆已熟練到一個地步，身體自然會記住溫度上升的速度，要抓住那樣的感覺。

④

味道的濃淡
取決於風量調節板

開關風量調節板可調整烘焙手網內的溫度與濕度。一爆前將調節板關得較小，以使內部的溫度上升；一爆之後就要打開，讓水分散出。

⑤

選擇自己喜歡的豆子

每個人對咖啡的喜好很主觀，若不是用自己喜歡的豆子來烘焙，就算烘得再好，也很難合自己的胃口，所以還是選用自己喝過覺得喜歡的豆子來烘吧！

⑥

烘完豆子
必定進行杯測

以一定的咖啡豆使用量、粗細度、水溫與水量、使用的器具，及平時同樣的沖煮條件來進行杯測，確認香氣、口感與尾韻。

[Mariage]

烘焙度與沖煮方式的組合

依咖啡豆的個性、烘焙度、沖煮咖啡的器具來調整咖啡粉的粗細度，最後終於要進入沖煮的步驟了。接下來就試試不同的水溫、沖煮方式在味道上產生的不同變化吧！

	苦		酸
烘焙度	深	⟷	淺
研磨度	細	⟷	粗
水溫	高（90℃）	⟷	低（75℃）
沖煮速度	慢	⟷	快

美味咖啡的黃金三角

除了咖啡豆的烘焙度、研磨度之外，沖煮的水溫、速度也會大大地影響咖啡的味道。為了煮出自己喜歡的咖啡，首先得掌握到哪個因素會產生什麼樣的效果。第一步先從能確實沖煮出上述的標準味道開始。

STEP UP
TECHNIQUE

2

MY BLENDED

[調配咖啡豆]

調配咖啡豆是將幾種個性與特徵不同的咖啡豆混合在一起，
讓每種豆子的風味複雜地融合，
產生直接飲用單一款豆子時所未有的全新風味，魅力無窮。

攝影：岡本 AYUMI

混豆
更能發揮每支豆的個性

特調咖啡可以嘗到單一豆所未能有的風味，產生全新的個性。「很多人一聽到混豆就會聯想到負面的印象，那是因為一直到不久以前，所謂的混豆是為了讓品質不好的咖啡豆變得較易入口的手法，然而將高品質的豆子組合才真正可稱得上是『調配』吧！」田那邊聰說道。

混豆並沒有一定的配方，是由烘豆師或咖啡豆專賣店、咖啡店以自家的配方比例來進行混豆。「混豆，是由『乘法』出發來思考，將每一種豆子的個性相乘而達到最高的效果，所以第一步就是從了解豆子的個性開始。」

DATA

Café des Arts Pico
カフェ・デザール ピコ

地址／東京都江東區牡丹 3-7-5
TEL ／03-3641-0303
營業時間／9:00 ～ 19:00（L.O.18:30）、
週六、日，國定假日12:00 ～ 18:00
（L.O.17:30、咖啡豆販售為 9:00 ～）
定休／週二、每月第3個週三
http://cafe-pico.com/

➡ 示範者

田那邊 聰

追求咖啡豆原本的味道，以直火烘焙咖啡的「Café des Art Pico」店主。日本莊園咖啡協會委員。

[Principle]

混豆的4大原則

混豆的第一步是掌握咖啡豆的個性以及知道自己喜歡哪一種咖啡的味道。以下列出4大原則幫助我們踏出第一步。

了解混豆的4大原則

① 掌握咖啡豆的個性

首先從了解組成咖啡風味的甜味、酸味、苦味與香氣等咖啡豆的個性開始，先直接飲用單品豆咖啡記住品飲時的印象，同時也思考著這樣的味道若能再加上什麼樣的特點，可以更接近自己的喜好。

② 決定主調的咖啡豆

混豆時選用直接飲用時自己喜歡的豆子是最基本的，將個性強的豆子作為基底，就可以很容易找到補足其風味的其他款豆子。個性較不明顯的豆子雖然很容易喝，但也欠缺特性，較無趣。

③ 決定想要強調的重點

補足作為基底的豆子在直接飲用感到不足的味道，若選擇同是以甘甜或酸味強為主要個性的豆子搭配，也許基本上會彼此融洽，但也可能因而更加削弱了彼此的個性。

④ 從2種豆子開始混合

混豆時若種類很多，與單一款比較起來會難以察覺味道究竟產生了怎樣的變化，所以建議先從2款豆子的混合開始，習慣之後再慢慢增加豆子的種款。不過最多以3～4種為限。

決定作為基底的豆子

衣索比亞

特徵是帶有莓果類的水果甘甜味與強烈的香氣，較無苦味，常用來調配被稱作是世界最早的特調咖啡摩卡爪哇。

曼特寧

主要的個性是苦味，與苦味較弱的衣索比亞混合即成了摩卡爪哇。帶有熱帶水果般的獨特香氣。

巴西

作為混豆基底最受歡迎的豆子之一。甜味、酸味、苦味有很好的平衡，但整體來說欠缺個性。

[Element]

要素相乘

混豆是以作為基底的咖啡豆之味，搭配帶有想要的元素之豆子所組合而成。
不過即使是擁有同樣要素的豆子，在混豆之後也會有相衝的狀況，得要特別留意。

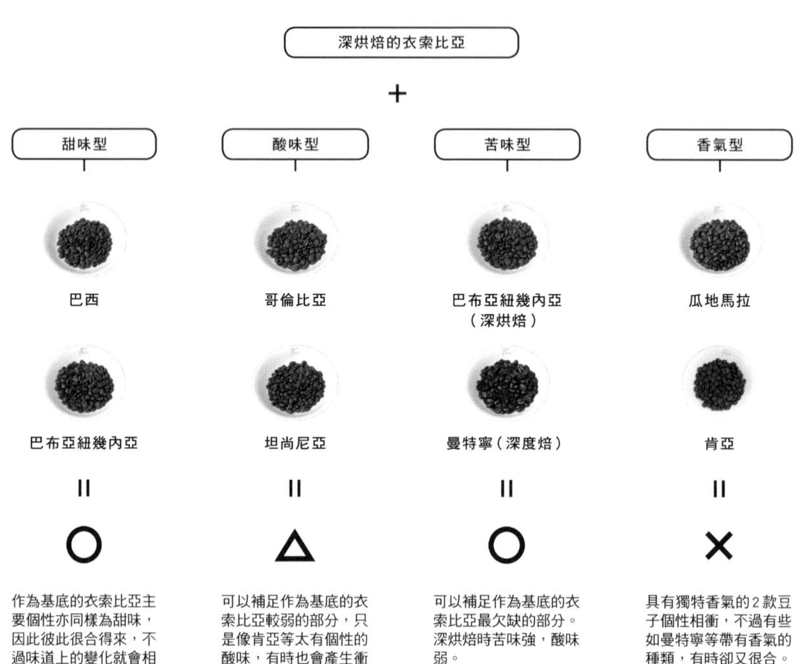

補足個性不足或彼此相襯的組合是混豆的基本

咖啡豆依品種、產地、調配等因素而產生數不盡的種類，若再加上烘焙度的深淺，味道又會不一樣，即使同樣的烘焙度，但不同人使用相異的器具烘焙出來的又會產生變化。因此練習混豆，「首先就從甜味、酸味、苦味、香氣等各個特性明顯易懂又容易入手的豆子開始吧！」

作為調配基底最常見的便是巴西豆，雖然個性較不明顯，但是甜味、酸味、苦味有很好的均衡度，在混豆時非常好用。容易取得的咖啡豆之中，甜味以衣索比亞、酸味以坦尚比亞、苦味以曼特寧、香氣則以肯亞的豆子最容易掌握。

[Blend Recipes]

調配的比例

介紹一下店主田那邊最為推薦的6種配方。
多嘗試各種配方有助於找到最適合自己口味的調配比例喔！

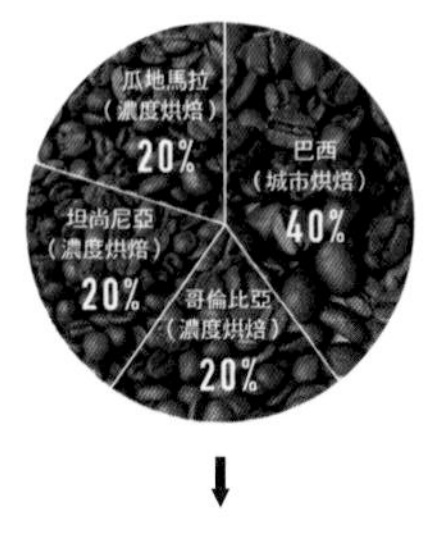

[Pico特調]

發現真正酸味之美

一般稱為Colombian Milds，以酸味為特徵的咖啡豆為中心的配方。「最想讓不喜歡咖啡酸味的人喝喝看，能夠讓人發現真正的咖啡酸味之美味。」

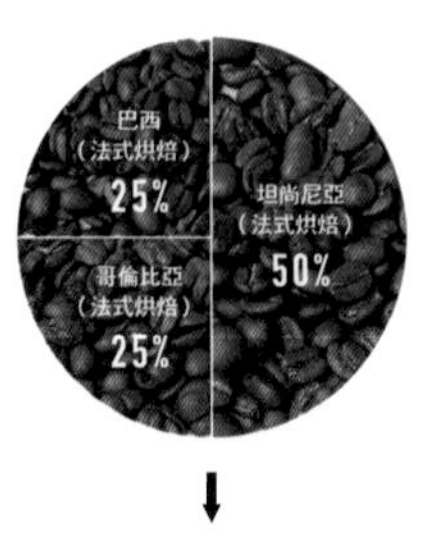

[Pico的深烘焙配方]

可品嘗到深烘焙才有的苦味

嘗來讓人舒服的苦味為一大特徵的配方。「使用的是直火烘焙的豆子，不是一般煙燻的苦味，而是柔和的苦與甜味。」

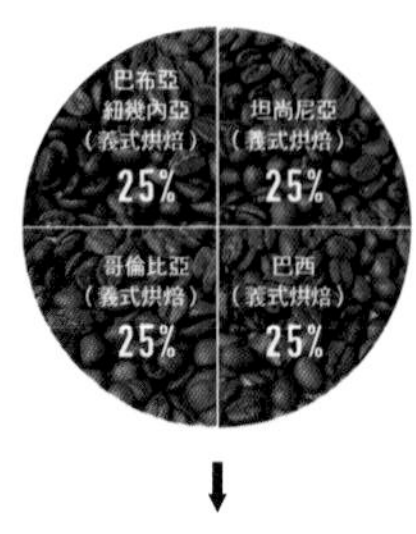

[苦味配方 Bitter Blend]

最適合作成咖啡歐蕾！

在深厚的醇味之中，可嘗到微微甘甜的口味。「最適合拿來作成咖啡歐蕾，口感圓潤的苦味系混豆，拿來沖煮冰咖啡也很好喝喔！」

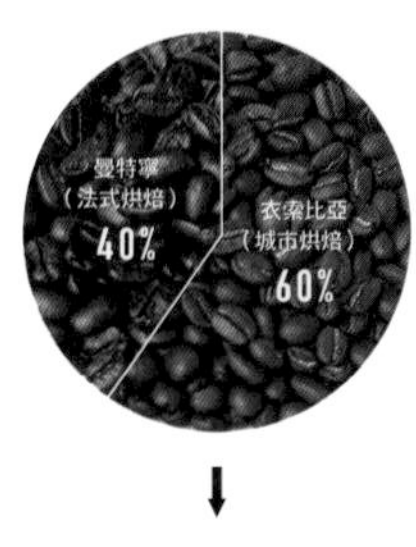

[Pico的摩卡爪哇]

特調中的特調

衣索比亞與曼特寧的組合被稱為摩卡爪哇，是世界上最早的特調配方。「有著異國的香氣與豐富而甘甜的口感。」

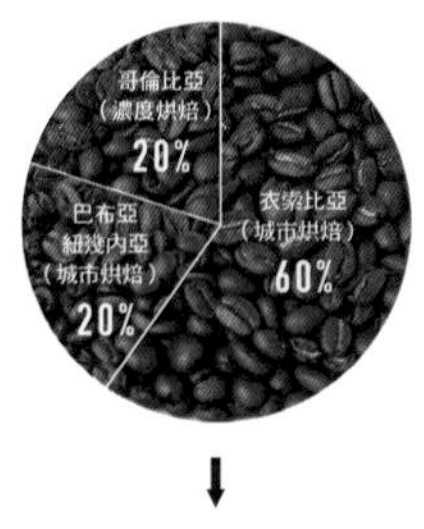

[Pico摩卡特調]

飄散豐富香氣又具深度甘醇口味

摩卡是款難以駕馭的咖啡豆，然而摩卡之中的衣索比亞，是具有強烈甜味而香氣中也帶甘甜感的豆子，以它作為基底，可以讓特調的咖啡有水果般的甘甜。「是店裡最受歡迎的特調款。」

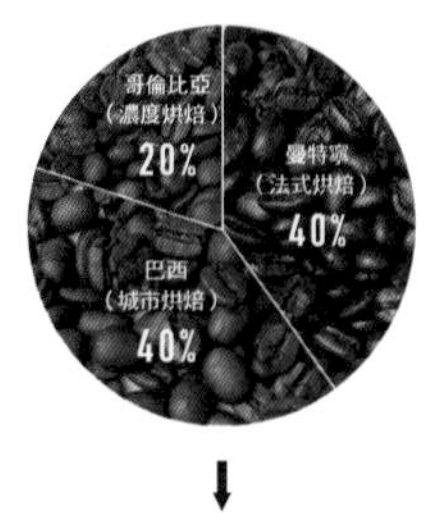

[Pico亞洲風味特調]

將強烈的個性整合在一起

曼特寧具有苦味與熱帶水果般獨特香氣的特徵，經過與其他品種混合後，可以讓這些特徵變得圓融。「是具有異國風情的一款配方。」

挑戰自己的配方！

只要抓到訣竅，意外地簡單！
首先從少量開始試起。

這次的配方

目標調配出有著豐富的甘甜香氣，酸味不過重，
又能嘗到深烘焙的苦味，傳統的高雅風味。

- □ 小碗與咖啡量匙
- □ 秤

1

選豆

以具有強烈甜味與香氣的衣索比亞為基底，並選用可補足苦味的深烘焙巴布亞紐幾內亞。

2

秤重

調整比例，整體為100%，此次的調配總重量為20g，作為基底的60%則為12g。

3

混合

若一次調配大量的豆子，要注意得混合均勻。

4

若再多加一種，就用哥斯大黎加

酸味是它的一大特徵，若混入此配方中會讓整體的口感變得更加輕盈。建議的配方為衣索比亞10g＋巴布亞紐幾內亞10g＋哥斯大黎加5g。

這裡是重點

咖啡豆的種類數也數不清，要品飲、比較實在是太困難，首先就以容易入手的，甜味、酸味、苦味、香氣等個性鮮明易懂的品種開始挑戰吧！具有同樣個性的豆子彼此之間較為融合，但也會有例外，因此不要太被規則給綁住是很重要的。

第一次調配的Q&A

在動手調配之前先弄清楚這些！
勤加練習調配的基本技術。

Q1

自己調配的極致是什麼？

A 盡可能地去試試各種組合，就能有更高的機會遇到自己喜歡的味道。同樣一支豆子若是烘焙度不同，味道也會跟著改變。

Q2

如何混合、研磨？

A 在混豆的狀態下研磨，混合不均是大忌。先從少量混合、避免混合不均開始挑戰吧！

Q3

可以磨成粉後再混合嗎？

A 特別是剛磨好的狀態下，以咖啡粉混合的味道雖不差，但是難以估算混合的比例，因此不太建議磨成粉再混合。

Q4

可以先混合生豆再去烘焙嗎？

A 生豆的狀態先混合？複數款的豆子一同烘焙是不可行的，烘焙度得依每支豆子的不同去調整。

解開咖啡的歷史之謎

咖啡目前全世界有七十多個國家栽種，
已成為多數人日常生活中不可欠缺的飲品。
最初咖啡是如何在這個世界散布開來的，讓我們回顧歷史看看吧！

插畫：山路 南

作為藥物使用的紀錄與兩則發現咖啡的傳說

關於咖啡，一般公認最早的紀錄是西元九〇〇年左右，由波斯的一名醫師拉齊（Rhazes）所寫下的，在他的文獻中寫道，自己將咖啡種子熬煮的汁液給患者飲用，「這種汁液對胃很好，並有提神、利尿的效果。」可見當時咖啡並非飲品或是嗜好品，而完全是作為藥物的一種果實。

紀錄中也提到熬煮時會有的香氣。不過當時烘焙的手法尚未誕生，應是將咖啡的種子甚或是整顆咖啡果拿來煮，現在我們所嘗到的芳醇美味，當時的拉齊應該還沒有辦法體會吧！

那麼，咖啡本身又是何時被發現的呢？關於這點有很多種說法，其中最常被人提到的有兩大傳說，都是很不可思議的故事，分別出現在拉齊記錄下咖啡的時期前後。

其一是以6世紀的衣索比亞為舞台，傳說是一名叫作卡爾迪（Kaldi）的牧羊人，察覺山羊異於平常地興奮，仔細一看，原來是牠們啃食了一種灌木的紅色果實所致。卡爾迪走去附近的修道院向修士們提到這件事，並建議修士們也來嘗嘗那果實吧！於是與修士一起試吃果實的卡爾迪頓時覺得心情愉快而舒爽，並且被一種高漲的幸福感所包圍著。修士們也立刻將這種果實帶回修道院裡，分享給其他的修士，據說嘗過的人都整夜精神飽滿，毫無睏意。

另一個說法是發自於13世紀的葉門。

伊斯蘭教的僧侶酋長雪克・奧瑪爾（Sheikh Omar）因不實之罪而遭到流放，被從葉門的摩卡趕到名為瓦薩巴的一座山裡。沒東西可吃而饑腸轆轆的奧瑪爾在路上遊走，見到一隻鳥兒啣著紅色果實而精神奕奕地歌唱著，他也摘下那紅色果實回到自己屈身的洞窟，將果實拿來一煮，

花費超過千年以上，咖啡豆的環遊世界之旅

竟然飄散出難以言喻的香氣，喝了果實的汁液之後，先前所感到的疲累，竟然像是從來沒有發生過般消失無蹤。此後，奧瑪爾將以這種果實煮出來的飲料給予因病而痛苦的人們飲用，幫助了不少人，因而將功贖罪，並被視為聖人崇拜。

上述這兩則關於咖啡的起源傳說，一般認為衣索比亞的那則較可信，因此咖啡是從衣索比亞傳到阿拉伯的說法也漸漸地被接受，並且成為一種定見。

咖啡一直到13世紀左右都只在伊斯蘭教的寺院中，僅有僧侶在飲用。

而烘焙咖啡豆據說也是自13世紀中葉開始，最早體驗到咖啡烘焙後無以形容的芳香，應該就是伊斯蘭教的教徒吧！

由伊斯蘭教徒所控制的咖啡栽培與貿易

進入16世紀，鄂圖曼帝國的塞利姆一世（Selim I）征服了埃及之後，將咖啡帶回了土耳其，一五五四年君士坦丁堡（Constantinople，又名伊斯坦堡）出現了世界上最早的咖啡館。這間以高雅的家具與裝潢裝飾的店家，很快就成為各種職業人士聚集的社交場所。

一六一五年，咖啡傳至義大利，然而此時整個咖啡產業是隨著貿易，掌握在伊斯蘭教徒的手中。

一六四〇年以後，義大利、奧地利、英國、法國、美國、德國等都有咖啡進口，一時之間咖啡館遍地開花、蔚為風尚，咖啡文化在世界各地開花結果。

無法接受舶來品咖啡之味的日本人

另一方面，日本在一六四一年仍處於鎖國時代，也初次有了咖啡渡來，出現在當時有限的貿易之地——長崎出島。

由荷蘭人帶進日本的咖啡，嘗過的人僅限於出入荷蘭商館的官員或商人、遊女等少部分的人，據說當時咖啡並不合日本人的胃口，覺得這又苦又黑的飲料實在太難喝而並未受到歡迎。

伊斯蘭壟斷的終焉與咖啡栽培的傳播

一六九五年發生了一件對伊斯蘭商人而言無法逆轉的大事件。在此之前，咖啡的栽種僅限於伊斯蘭教圈的清真寺內，嚴禁帶出國外，然而有一天，咖啡卻被人偷偷運出。

偷運的是一名伊斯蘭教的印度人，名叫巴巴布丹(Baba Budan)的男子，趁著到麥加朝聖之時，祕密地將咖啡帶到印度，在南印種植成功，現今成為仍持續生產的咖啡原木。

布丹的行為等於是將至今為止由伊斯蘭商人獨占的市場開了個洞，原本藉由咖啡帶來龐大利益的伊斯蘭圈貿易也一步一步地走向終焉。

一六九九年，布丹再次地將咖啡樹苗從印度帶往印尼，現今東印度群島所有阿拉比卡種咖啡樹的祖先，亦是在那時落地生根的。

一七〇六年，咖啡樹苗從印尼移植到荷蘭阿姆斯特丹的植物園裡，之後也再朝西印度群島的部分地區及中南美洲而去，咖啡的種子不斷地傳播出去。

一七二三年，咖啡被成功移植至法屬馬丁尼克島(Martinique)，這棵咖啡樹也是西印度群島與中南美洲的咖啡樹栽種之起源。

接著，一七二七年移植到巴西。巴西沿岸警備隊的副隊長巴耶達(Palheta)因公務拜訪法屬蓋亞那省總督時，與總督夫人相戀，在她的協助之下，成功地將日後被視為國家命脈的咖啡種子與樹苗，巧妙地夾帶出境，據說是總督夫人在送別他之際，將樹苗與果子以及其他的花朵混在一起綁成花束送給他，而得以成功偷渡，當時的樹苗成為了今日巴西咖啡的根源。

此後被稱作咖啡帶的地區之內，栽種咖啡樹的風潮，就如漣漪般一波波推延出去。

世界上不斷進化的咖啡 在日本生根的味道與文化

進入19世紀，栽植咖啡已在世界各地盛行，然而日本仍然是咖啡的未開發國家。

一八二六年，於長崎出島的荷蘭商館服務的一名醫師西博德(Philipp Franz von Siebold)告訴日本人「咖啡是可以延壽的良藥」，然而不久之後西博德被驅逐出境，日本的咖啡文化也因此停在腳踏原地的狀態。

在此期間，國外已經對於咖啡的飲用法又不斷地進步了。

在法國，發明了濾網沖泡法以及幫浦式的滲濾咖啡壺(percolator)；滲濾壺後來在義大利被用來作為濃縮咖啡壺，傳到美國則定形為現今所看到的滲濾壺。一八四〇年英國發明了虹吸式咖啡壺（vacuum coffee pot），許多國家都開始享受著較以往更加美味的咖啡。

一八五四年，日本簽下了不平等的「日美修好通商條約」（Treaty of Amity and Commerce Between the United States and the Empire of Japan），一八五八年開始有了正式的咖啡進口。

此後在19世紀末，日本的第一家咖啡館開幕。一九三〇年代咖啡的進口更加蓬勃，日本的咖啡文化黃金時代終於來臨。

但不幸的是咖啡黑暗期突然隨著戰爭而降臨。

一九三八年開始有了進口限制，一九四四年咖啡被視為「奢侈品」、「敵國的飲料」而完全地禁止進口。

然而，從明治到大正時期，咖啡的味道已經深植日本人的心中，二戰結束後的一九五〇年，再次開放咖啡進口。一九六一年，即溶咖啡的進口亦開始自由化了。此後日本也發明了世界最早的罐裝咖啡並且行銷各地，掀起了不輸戰前的咖啡熱潮。

一九八〇年代後期，日本全國有了高達十七萬家以上的喫茶店，咖啡成了一般民眾的嗜好品。同時，講究的愛好者也大為增加，以各種形式而擴展的咖啡文化終於在日本生根。至今，咖啡已成為每日生活的一部分，為無數的人提供了放鬆與愉快的時間。

忙碌的每一天裡，來杯咖啡，一下子讓緊繃的心情都得到了紓解，這個時候若能讓思緒隨著咖啡來到它所生長的異國，應該是很不錯的事。咖啡果實的旅行雖已完成，然而屬於你的心之旅也許可以從這裡出發。

於是，咖啡在世界各地廣受喜愛

認識各國的特色與莊園

Coffee beans in the world

世界各國的咖啡產地

南美、中美、亞洲，加上非洲，
分布於世界各地的咖啡產地其實各有特色，
接著就連同各國咖啡相關政策，與目前備受矚目的莊園一同介紹。

監修

丸山健太郎

發祥自輕井澤的「丸山珈琲」店主，同時也是跑遍各國咖啡莊園，直接赴產地採購高品質咖啡豆的頂級買家。

data

丸山珈琲 小諸店

まるやまコーヒー こもろてん

地址／長野縣小諸市平原 1152-1
TEL ／0267-26-5556
（訂貨中心 9:00 ～ 18:00）
營業時間／9:00 ～ 20:00
定休／不定期
http://www.maruyamacoffee.com

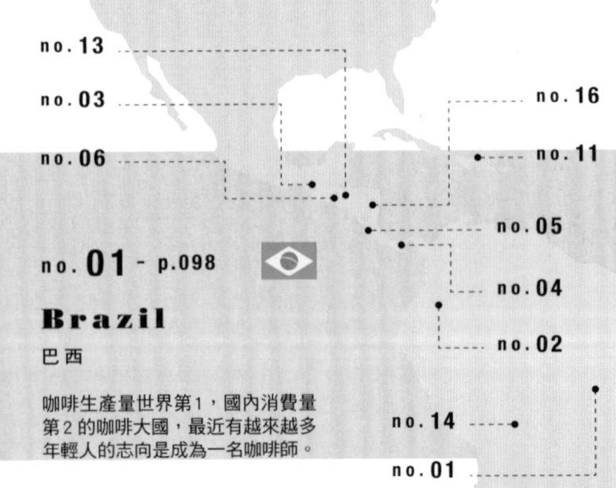

no.01 - p.098 Brazil

Brazil

巴西

咖啡生產量世界第1，國內消費量第2的咖啡大國，最近有越來越多年輕人的志向是成為一名咖啡師。

no.04 - p.110 Panama

Panama

巴拿馬

巴魯火山（Volcán Barú，又稱奇里基火山）山麓一帶，因富含礦物質而聚集了許多咖啡莊園。近年來因為有著香水般迷人香氣的藝伎咖啡，帶給世界絕大的衝擊而聞名。

no.03 - p.106 Guatemala

Guatemala

瓜地馬拉

國土面積僅日本的三分之一，生產量卻在中美洲各國之中排名第2。因香氣豐富，是用來作為調配的基底豆很重要的來源。

no.02 - p.102 Colombia

Colombia

哥倫比亞

因境內有多樣的地形與氣候條件，可於不同的地區栽種出不同風味的咖啡豆，莊園咖啡的評比特別盛行。

no. 07 - p.116 

Ethiopia
衣索比亞

大部分的國土為山區，現今仍有一部分的咖啡是產自野生的咖啡樹。國內需求亦高，有30～40%的收成供國內消費。

no. 06 - p.114

El Salvador
薩爾瓦多

以帕卡斯（Pacas）與巨型象豆（Maragogype）交配而成的帕卡瑪拉（Pacamara）而聞名。大顆粒而帶有堅實的口感，並散發出柑橘類的香氣。

no. 05 - p.112 

Costa Rica
哥斯大黎加

有哥斯大黎加咖啡協會的運作支持著咖啡的栽種。因禁止種植羅巴斯塔種，100%為阿拉比卡豆。有許多高品質的小咖啡莊園。

no. 10 - p.122 

Indonesia
印尼

大半栽種的是羅巴斯塔豆，但也有如蘇門答臘島（Pulau Sumatera）所產的曼特寧為代表的高品質阿拉比卡豆。蘇拉威西島（Sulawesi）的托那加亦是知名產區。

no. 09 - p.120 

Rwanda
盧安達

因殖民地時期各個農家被課以栽種70株咖啡樹的義務開始，至今主要仍是小規模咖啡農家為主力，每年的品質不斷提升中。

no. 08 - p.118 

Kenya
肯亞

高品質的肯亞咖啡豆特別在歐洲受重視，以高價收購。在精品咖啡豆的世界裡占有一席之地。

no. 13 - p.128 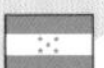

Honduras
宏都拉斯

一年出口的咖啡豆高達2萬4千公噸。國土的三分之一為海拔1000m以上的山區，生產著具有溫和酸味的咖啡豆。

no. 12 - p.126 

Burundi
蒲隆地

中非內陸小國，受到鄰國盧安達的影響，近年來投入精品咖啡的意識漸高。

no. 11 - p.124 

Dominica
多明尼加

面山傍海，起伏甚多的斜坡上栽種著咖啡樹。產量少，出口便成為稀有的咖啡豆。

何謂咖啡帶？

指赤道兩側，北緯25度與南緯25度之間適合栽種咖啡的地帶。除了緯度，也得符合年均溫20℃左右、年雨量1300～1800㎜、海拔在900～2000m之間等條件。日本的沖繩一部分也在咖啡帶的範圍之中，亦曾有成功種植咖啡的例子。

coffee belt
咖啡帶

no.07
no.15
no.08
no.09
no.12
no.10

no. 16 - p.134

Nicaragua
尼加拉瓜

種植著多元的品種，依不同莊園來品飲比較也頗有趣。多於西部的山區栽種咖啡。

no. 15 - p.132 

India
印度

主要種植的是羅巴斯塔豆，好品質的羅巴斯塔在歐洲也頗受重視，會拿來作為濃縮咖啡的混豆用。最近種植的阿拉比卡豆的品質也不斷提升。

no. 14 - p.130 

Bolivia
波利維亞

有安地斯山脈綿貫的南美內陸國，即使是在海拔1500m以上的高地也盛行咖啡種植，已是精品咖啡的固定產地。

※〈世界各國的咖啡產地〉是依2011年的資料製作。

Brazil

no.01

巴西

data

國名	巴西聯邦共和國
面積	約851萬2000km²
人口	約2億40萬人
氣候	熱帶、 亞熱帶氣候

聖保羅州（São Paulo）

19世紀中葉因種植咖啡而開始繁盛的地區，現在也大量栽培、出口咖啡豆。

米納斯吉拉斯州（Minas Gerais）
南米納斯（Sul de Minas）

巴拉那州（Estado do Paraná）

海拔900m左右之處，一望無際的大平原上栽種著咖啡。因有紅土，可種出有豐富層次的咖啡豆。

卡爾穆米納斯
（Carmo de Minas）

產量為世界第1！世界最大的咖啡大國

咖啡豆產量、出口量均為世界第1的巴西，國內消費量亦僅次於美國，排名第2，人民熟悉的咖啡文化源頭可追溯至三百年前左右。

一七二七年，衣索比亞原產的咖啡經由歐洲等地帶進巴西北部，此後約三十年左右移植到里約熱內盧(Rio de Janeiro)開始，產量急劇地增加，不到百年的一八五〇年，即成了世界最大的咖啡生產國。在達成這樣飛躍性發展的「里約咖啡時代」之後，栽種地區緩緩地移動，某一段時間，聖保羅、巴拉那等地成了主要的生產中心。近年來更往北部的米納斯吉拉斯擴展，在平地有機械化耕作的大規模莊園，山區則有小農莊園進行生產。

高品質的阿拉比卡豆占了總產量約莫七成，有波旁、新世界、卡杜艾(Catuai)等，種類繁多。設置有巴西精品咖啡協會（Brazil Specialty Coffee Association，BSCA），每年舉辦的咖啡國際品評會卓越杯（Cup of Excellence‧COE），評比具有高度生產意識的莊園所生產的高品質咖啡豆，其中卡爾穆米納斯地區更是

得獎莊園輩出。該地區位於山區，又聚集了許多在品質管理上特別著力的生產者，海拔高，土壤、日照及最適合栽種咖啡的自然環境中，不使用機械而以人工採收的咖啡豆，多了一般巴西咖啡少有的水果般的酸味與甘甜，是該地區莊園能夠與其他地方一別苗頭的特點。

另一方面，近年來巴西掀起了一股咖啡館風潮，有越來越多的年輕人都立志成為咖啡師，而培訓專業咖啡師的學校也受到矚目，對於一杯咖啡的意識日漸高漲。

也許，未來巴西的咖啡師，在世界咖啡師冠軍賽中取得優勝之日已經不遠了。

備受注目產地 - 01

每年生產高品質生豆

Sul de Minas

南米納斯

風味

柔和的醇度與濃厚的豐滿

巴西咖啡一般而言是酸味與苦味調和而口感平衡的表現居多，其中又以南米納斯的咖啡豆口味屬於一級。有堅實的口感且風味醇厚，具有深度的層次，尾韻帶透明感，並會回甘。

栽種品種

栽種各式各樣的品種

此地生產新世界、波旁等阿拉比卡的交配種與變異種，種類豐富多元，每一款都具有獨特的個性，亦適合不同的烘焙度，因此可適用於各式品嘗方法。

・新世界種　・波旁種

分級制度

嚴格以3階區分等級

以豆子的大小（screen size）、瑕疵豆的數量及杯測來區分等級。瑕疵豆較少的評為No.2～8，標準尺寸為S13（5㎜）～S19（7.5㎜）、杯測結果則分為Ⅰ（Strictly Soft）、Ⅱ（Soft）、Ⅲ（Hard）、Ⅳ（Rioy）。

處理方式

傳統的日曬處理法（Natural Process）

巴西的咖啡豆約90%都採用自然處理法（直接整顆果實曬乾→除去果肉），南米納斯亦是用此處理法製作咖啡。若在處理過程中有失誤，便會直接反映在品質上，因而是否用心處理，將會大大地影響到成品的品質。此處理法會使得咖啡嘗起來會有厚實的結構及有豐富甜味的風味。

位於占了巴西咖啡豆大半產量的一大產地米納斯吉拉斯州，在高海拔的山地上有肥沃的土壤與豐沛的水源，因而以生產優質咖啡豆而聞名。有些讚譽稱此地的咖啡具有「如紅酒般的厚實口感」。主要是採行傳統製程，但各莊園無不努力提升技術，每年都致力出產最高級的新豆（剛採收的生豆，new crop），日本有些咖啡店也會從此地採購，有機會遇到請務必一試。

pick up

山蕨莊園（Samambaia）

南米納斯的知名莊園，莊主坎布里亞（Cambria）對於咖啡生產非常有熱情，曾在以自然農法為限定條件的品評會巴西日曬卓越杯（COE）上取得大獎。

data

莊園面積：咖啡栽種面積540ha
海拔：約950～1200m
收穫期：6～8月
年生產量：120t
2011年的數據

備受注目產地 - 02

精品咖啡豆的知名產地

Carmo de Minas

卡爾穆米納斯

風味

杏桃般的風味與甜味

卡爾穆米納斯所產的咖啡豆，在巴西豆之中算是果味較重的，高海拔帶來獨特風味，使得這10年間人們對它的認知度急速提升。有如杏桃般的風味與甜味是其特徵。

栽種品種

黃色果實的黃波旁

卡爾穆米納斯一地亦栽種了各式的品種，然而其中又以黃波旁為最。一般咖啡果實都是紅色的，然而此種在成熟時果實會轉黃，並具有更強烈甘甜而新鮮的果味。

・波旁種
・新世界種
・卡杜艾種

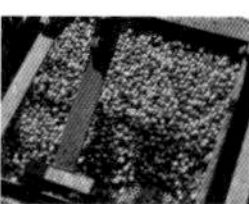

分級制度

最棒的咖啡送 COE 評比

因普遍採用精品咖啡的評比方式，吸引不少美國買家來此地採買高品質的巴西咖啡。

處理方式

半日曬處理法（Pulped Natural Process）

此地多採用巴西特有的日曬處理法或半日曬處理法。半日曬處理法是將咖啡果實挑去浮豆後，再去除果肉，將保留果膠（mucilage）的內果皮拿去日曬或乾燥處理。

位於米納斯吉拉斯州南部的山區，具備所有適合栽種咖啡條件的地區。不僅有合適的土壤，溫差大的氣候，降雨量、天然水等完整的搭配，成就出最棒的精品咖啡；亦十分注重咖啡豆的處理，請了具有專業技術的人員，花時間仔細處理。也許是這份用心使得此區有好多家莊園都是巴西COE大賽的常勝軍。從業人員不息的努力下，每年都有最棒的咖啡豆誕生。

pick up

原野莊園（Fazenda do Serta）

具有100年以上歷史的莊園集團。在高度技術的支援下，生產者有很強的專業意識，2005年獨家包辦了巴西 COE 的第1～3名。

data

莊園面積：800ha
海拔：約1200m
收穫期：5～9月
年生產量：1400t
2011年的數據

Colombia

no.02

哥倫比亞

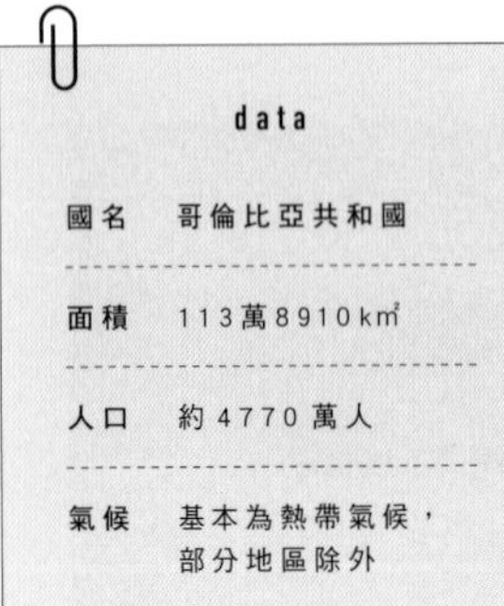

data

國名	哥倫比亞共和國
面積	113萬8910km²
人口	約4770萬人
氣候	基本為熱帶氣候，部分地區除外

聖瑪爾塔（Santa Marta）

在面海的群山中栽種咖啡樹的區域。亦有不少為有機栽培。

波哥大（Bogotá）

薇拉（Huila）

娜玲瓏（Narino）

氣候的寶庫裡 培養出多元豐富的風味

哥倫比亞最早開始種植咖啡樹約是在一七三二年左右，此後，咖啡的種植擴散到全國各地，一九二七年設立了管控咖啡從生產到流通各個程序的「哥倫比亞國家咖啡農聯合會（Federacion Nacional de Cafeteros，簡稱FNC），整個水準大幅提升。

對哥倫比亞而言，咖啡是占全國貿易總出口約一成的重要農產品，27%的國民，相當於二百萬人口從事咖啡種植相關產業，種植面積亦達三百三十萬公頃，是支持國家經濟不可或缺的重要產業。

位處於太平洋與大西洋之間，大自然環繞的區域，依地方不同而有亞熱帶或寒帶氣候，因而個別地區產出各富個性的咖啡是一大特徵。按不同產區品飲，可切實地感受其風味豐富的變化。

栽種咖啡的幾乎都是小規模的農家，比起其他國家，更集中於高海拔地區，甚至有不少人是在接近海拔二千公尺的山坡陡峭的斜面上種植咖啡樹。生產者都會加盟FNC，在其派遣而來的農業顧問建議下，栽種出以品質為優先的咖啡豆。

FNC除了給予建議之外，還提供了以研究作為基礎的咖啡樹苗、肥料，舉辦關於農藥管理、種植相關的講座，全面性地支持著生產者。生豆在出口之前的最後檢驗，亦是由FNC把關。一貫的管理使得生產者之間有很強的競爭意識，各農家為了可以種出最好的豆子而使盡全力。

同時，FNC也極積提升技術，朝精品豆邁進，比如最近也開始向農家導入最新機器等。每年舉辦國內的品評大會，肩負為生產者與買家搭起橋樑的重責大任。

產自海拔2000m的珍貴美味

Huila

薇拉

風味

熱帶水果般的香氣與溫和順口的甘醇

只採用完全成熟的果實所做成的咖啡豆，甜味中帶有芳醇。薇拉高原上所栽種的咖啡不過強的酸味之中，帶著散發出熱帶水果般的香氣。香氣與甘醇取得絕佳的平衡而廣受好評。

栽種品種

固有品種再度受到注目

近年來，此地進行改種對病蟲害較有抵抗力的哥倫比亞種，然而風味更佳的卡杜拉、鐵比卡等的需求仍強勁，對生產者來說，選擇哪一個品種來種植是非常重要的決定。

・哥倫比亞種　・卡杜拉種

分級制度

以豆子的尺寸分級

出口的豆子以顆粒大小（screen size）決定等級。顆粒大小在S17（6.75 mm）以上的大顆粒豆子，作為「頂級」（Supremo，SP）；S14（5.5 mm）～16（6.5 mm）的則為優秀（Excelso，EX）。這兩個等級較高的哥倫比亞豆在日本也有大量進口。

處理方式

以人工手摘採收完全成熟的果實

至今亦維持著傳統，以人工挑選，只摘採完全成熟的果實。主要採用水洗處理法（去除果肉→發酵→水洗→乾燥）。由於可日曬的地方較少，隨處可見到農家利用屋頂來曬豆子的光景。

位於哥倫比亞東南部的薇拉有安地斯山脈環繞，境內是薇拉火山等連續而艱險的山區所形成的祕境。人們在此地區利用山坡的斜面，在海拔非常高之處種植咖啡。其高度可達海拔1500～2000m，每日最高與最低溫度之間的溫差甚大，是最適合栽種咖啡的氣候。經過長時間生長成熟的咖啡果實，每一粒都凝縮著美味。以天然湧泉進行水洗等，在生產處理上亦很徹底。

pick up

美景莊園（Bellavista Farm）

在海拔1700m的高原上，主要種植卡杜拉種。莊主高梅茲（Javier Sanjuan Gomez）對咖啡的用心開花結果，於2009年的哥倫比亞卓越杯（Colombia Cup of Excellence）上獲得亞軍。

data

莊園面積：6ha
海拔：約1700m
收穫期：2～3月
年生產量：不詳
2011年的數據

備受注目產地 - 02

帶有豐富水果感的咖啡豆

Nariño

娜玲瓏

風味

如花般的香氣撲鼻

娜玲瓏所產的豆子因是哥倫比亞中酸味最明顯的而廣為人知。依栽種的品種或莊園，有些還會帶有花朵般的香氣或是果味，整體而言口感非常乾淨清爽。加上醇厚度，整體表現均衡，很順暢、容易入口。

栽種品種

以卡杜拉為主

主要品種為卡杜拉，其他也栽植卡斯提優(Castillo)、鐵比卡等各式品種。不論哪個品種，生長在娜玲瓏的土壤都具有獨特而明亮的風味。

・卡杜拉種　・卡斯提優種

評鑑方式

哥倫比亞也有自己的COE

哥倫比亞也有卓越杯(Colombia Cup of Excellence)，將全哥倫比亞土地上，生產者用盡心力培育的咖啡豆集合起來，經由國內外評審品評，在各項欄位※中獲得高分者，會吸引消費國買家爭相競購。

※原以「Cup Quality」一字統括，指的是依清潔、甜度、酸質、口感、風味、餘韻、平衡度、整體評價8個項目的分數總合。

處理方式

傳統水洗處理法

因為機械化不普及，仍舊採用傳統的人工處理方式，手摘收穫的果實去除果肉後，以安地斯山的天然水源清洗處理的傳統水洗處理法。水洗後以日曬徹底乾燥。

位於哥倫比亞西南部的娜玲瓏，地處於4000m以上的加勒拉斯火山(Volcán Galeras)山麓，大自然環繞的地區。咖啡種植於海拔1500～1800m之間，火山灰組成黏土層、富含礦物質的土地上。此地多具有知識與技術的小農，作業精緻，因此所產的咖啡有其他哥倫比亞豆欠缺的華麗酸味，在市場上以一級品交易。優質的豆子可耐深烘焙，很受歐美烘焙者的喜愛。

pick up

娜玲瓏的小型莊園

身處山區的娜玲瓏一帶有許許多多面積不到1ha(公頃)、由家族經營的小規模莊園。在得天獨厚的土壤上所培育的咖啡豆，有著別處找不到的獨特風味。

data

莊園面積：多在1ha以下
海拔：約1500～2000m
收穫期：4～6月
年生產量：2t左右
2011年的數據

Guatemala

no.03

瓜地馬拉

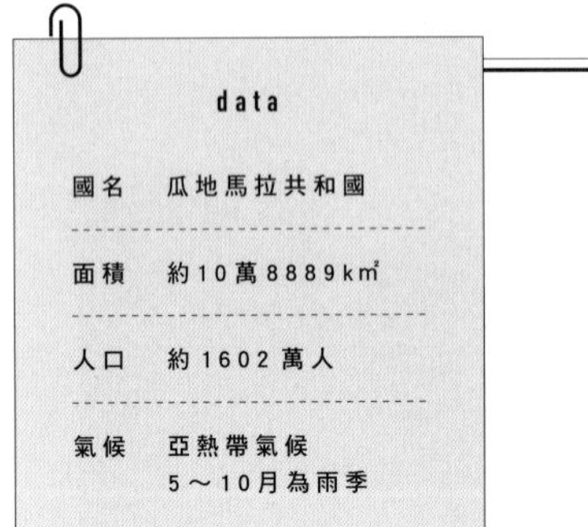
data

國名	瓜地馬拉共和國
面積	約10萬8889km²
人口	約1602萬人
氣候	亞熱帶氣候 5～10月為雨季

薇薇特南果（Huehuetenango）

在艱險的山岳地區栽種咖啡，多帶有乾淨明亮的酸味，近年來頗受好評。

瓜地馬拉市（Guatemala City）

阿蒂特蘭湖（Atitlan）

安提瓜（Antigua）

法拉罕高原（Fraijanes）

品牌
由產地朝莊園精進

瓜地馬拉國土面積約為日本的三分之一，然而卻是中美洲國家中僅次於墨西哥、咖啡產量第二多的國家。

咖啡的由來，是一七五〇年經由耶穌會傳教士將咖啡樹苗帶入瓜地馬拉展開的。一八六〇年代開始正式的栽種，現今仍留下許多當時傳承下來的古老莊園。

咖啡產業自一九六九年瓜地馬拉國家咖啡協會(Asociacion Nacional del Café，簡稱Anacafe)成立以來，便成為全國的咖啡管理中心。Anacafe的宗旨是為生產者存在的協會，正確地掌握各個生產者的所在位置，將對於土壤的分析、降雨型態、霜害受災情況等各式研究結果，提供給各個莊園參考。

咖啡種植在面向太平洋側的南部，以及高海拔的中部地區，大多是種在山坡的斜面，生長在高大的遮蔭樹(Shade Tree)下是一大特徵。所有地區之中，瓜地馬拉境內最古老的栽種地安堤瓜所產的咖啡豆，十分受歡迎，在日本也早已形成了一種品牌。三座火山包圍，火山灰質構成的土壤，以及海拔在一千

五百公尺上下，擁有劇烈溫差的區域，生產著香氣迷人、口感紮實的高品質咖啡，頗受好評，因此於其近郊的莊園也有人會搭便車，打出安堤瓜出產之名。

不過，近幾年因為精品咖啡風潮興起，為了要參加品評會，已不再是以地區為招牌，而是以個別莊園的品質來一較高下。在那之前，打出安堤瓜產咖啡之名，仔細一看，卻是混雜著近郊阿卡特南戈火山（Acatenango）下所生產的高品質咖啡豆等，不少充當安堤瓜之獨特咖啡豆，慢慢地被挖掘出來。

此外，瓜地馬拉海拔最高的咖啡栽種區薇薇特南果，也因為在品評會上獨占鰲頭，而成為注目的焦點。

備受注目產地 - 01

因火山灰土壤而帶來柑橘系的香氣

Fraijanes

法拉罕高原

風味

富含果味的香氣

法拉罕高原所產的咖啡豆以甘甜又帶有果香而受到讚賞。同時也具有瓜地馬拉豆會有的、如巧克力般濃厚的口感，帶來高級感的風味。因是產自高地，推薦以深烘焙處理。

栽種品種

依不同莊園，品種各異

各家莊園都栽種著不同種類的咖啡豆，有波旁、卡杜拉等。瓜地馬拉整體來說是以卡杜拉為主，也少量種植巨型象豆。

・卡杜拉種　・波旁種

分級制度

產地海拔越高，等級就越高

以海拔來分等級。產自海拔1300m以上的為最高等級：極硬豆（Strictly Hard Bean，SHB），海拔1200～1350m的為硬豆（Hard Bean，HB），海拔1050～1200m為半硬豆（Semi-Hard Bean，SH），海拔900～1050m的則為特質優等水洗豆（Extra Prime Washed，EPW）。

處理方式

主流為水洗處理法

大多採水洗處理。去除果肉，發酵、水洗後，再以日曬乾燥。大型莊園有水洗設備，自行處理水洗作業。最近也開始有小農不使用共同的水洗場，而自己建造水洗處理場。

法拉罕高原位於首都瓜地馬拉市的近郊，種植咖啡的歷史悠久，自古以來便以優質咖啡豆產地聞名。地居瓜地馬拉代表的三大活火山之一，也是活動力最旺盛的帕卡亞火山（Volcán Pacaya）山麓，於火山灰形成、富含礦物質的土壤上栽種，部分咖啡莊園位於海拔1400～1800m之間，地形起伏相當大的地帶，因溫差大而造成咖啡果實緊緻，有著如櫻桃般迷人的風味。

pick up

普爾特莊園（El Pulté）

位在高海拔地區，可遠眺水火山（Volcán de Agua），栽種最適合做成義式濃縮咖啡的豆子，丸山珈琲咖啡師中原見英2009年拿下日本咖啡師大賽（Japan Barista Championship；簡稱JBC），即是使用該莊園豆。

data

莊園面積：45ha
海拔：約1650m
收穫期：1～4月
年生產量：8t
2011年的數據

備受注目產地 - 02

湖畔周圍土壤孕育的咖啡豆

Atitlán

阿蒂特蘭湖

風味

有如楓糖般的黏稠感

豐富的甘醇與華麗的酸味為其特徵。阿蒂特蘭湖所產的豆子，被喻作有如楓糖般的甜味，入喉後帶有黏稠度的尾韻亦十分特別。又具有蜜桃般的香氣，結構厚實，口感絕佳。

栽種品種

以卡杜拉為主

多數莊園選擇栽種阿拉比卡種的卡杜拉，但也會出現其他品種。生長於阿蒂特蘭湖區肥沃土壤的咖啡豆，不論什麼品種都有優質的香氣。

- 卡杜拉種
- 卡杜艾種

評鑑方式

精品咖啡品評會

高品質又有獨特風味的精品咖啡，會參加國內的品評會。特別是瓜地馬拉很早就導入精品咖啡制度，有很多莊園都有系統化的管理。

處理方式

大多為水洗處理法

與其他地區相同，大多採水洗處理法。乾燥的方式雖也有機械乾燥，但是精品咖啡會將咖啡豆在一大片地上攤開，讓太陽曬乾。阿蒂特蘭湖一帶也有莊園採用有機栽培。

8萬4000年前因火山噴發而形成的阿蒂特蘭湖，是火山臼積水而成，其周邊的土壤非常適合栽種農作物，生產的不僅有咖啡，還有玉米等。咖啡種植在湖岸到壯闊的火山斜面上，海拔超過1500m，日照多，具備了所有生產優質咖啡豆的條件。咖啡具有楓糖般的甜味與花香調的香氣，令人印象深刻。也有部分莊園採用無農藥栽種。

pick up

森貝堤合作社（Tzampetey）

所產的咖啡豆有著楓糖般的香氣與黏稠的口感，在日本亦以「森貝提合作社」之名販售。飲用時，請務必仔細品味具有豐富礦物質的土壤所孕育的多層次、深奧風味。

data

莊園面積：30ha
海拔：1600～1700m
收穫期：12～3月
年生產量：40t
2011年的數據

Panama

no. 04

巴拿馬

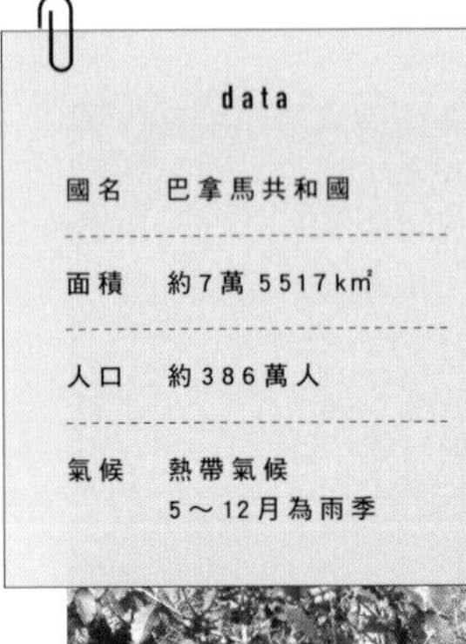

data

國名　巴拿馬共和國

面積　約7萬 5517㎢

人口　約386萬人

氣候　熱帶氣候
5～12月為雨季

沃肯（Volcan）　波奎特（Boquete）

巴魯火山（Volcán Barú，又稱奇里基火山）山麓下高品質的咖啡豆輩出，也種有藝伎（Geisha）。

「藝伎」芳醇的香氣讓全球咖啡師讚不絕口！

巴拿馬國土是東西向細長形，種植咖啡的繁盛地區在西部的巴魯火山附近。巴魯火山山麓，海拔一千～二千公尺的丘陵地帶，聚集著許多咖啡莊園。這一帶有富含礦物質的火山土壤，與加勒比海吹來的和煦海風，日照時間充足等，適合栽種咖啡的條件不一而足，因而為世界提供了品質良好的咖啡，二〇〇四年的巴拿馬咖啡杯測賽(Best of Panama)推出了藝伎咖啡，掀起一大旋風，更使巴拿馬咖啡成為世界焦點。藝伎咖啡有著香水般高雅的香氣，帶給全球買家很大的衝擊，此後有越來越多的莊園投入藝伎的栽種。巴拿馬咖啡的品質每年都不斷地提升，今後也值得持續注目。

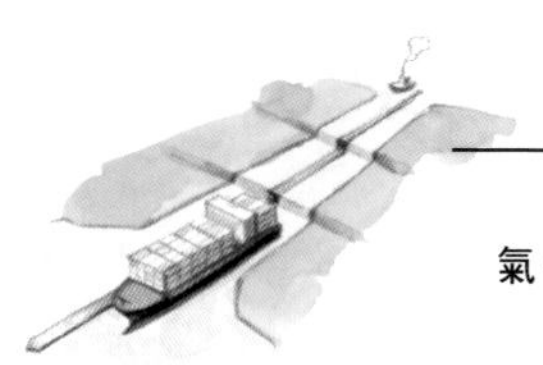

備受注目產地

氣候條件絕佳的咖啡生長環境

Boquete

波奎特

風味

藝伎有香水般的迷人香氣

藝伎的特徵在於其他咖啡喝不到的高雅香氣與質感。接近柑橘系水果的清爽甜味，即使是不喜歡咖啡酸味的人，也有不少紛紛拜倒在她的裙下。

栽種品種

各莊園持續挑戰栽種藝伎

卡杜拉與鐵比卡占了大半，近來有越來越多人種植藝伎，挑戰商品價值的極限。

・藝伎種　・卡杜拉種　・鐵比卡種

分級制度

依海拔高度分級

與瓜地馬拉等其他中美洲國家一樣，認為產地海拔越高，則品質越優良，等級也就跟著上升。等級分為最高的極硬豆（SHB）、硬豆（HB）……等。

處理方式

以水洗處理為主

幾乎都採用傳統的水洗處理法（去除果肉→發酵→洗淨→乾燥），也有少數採日曬處理（果實直接日曬→去除果肉）。採日曬法乾燥。

波奎特地區位在巴拿馬西部，巴魯火山的東側，是土壤、海拔、日照、降雨量等各個面向的條件，都非常適合栽種咖啡之地；作為咖啡產地，設備與環境亦十分完備。由數家小農聯合組成的「翡翠莊園」（Hacienda La Esmeralda）便是將有香水般迷人香氣的藝伎推上舞台，一戰成名，驚動全球咖啡人的知名莊園。

pick up

唐帕奇莊園（Don Pachi）

莊主法蘭西斯科（Francisco Serracin）的父親是全巴拿馬最早投入栽種藝伎咖啡的其中一人。

data

莊園面積：30ha
海拔：約1550～1600m
收穫期：12～3月
年生產量：藝伎1.5t；鐵比卡、卡杜拉10t等
2011年的數據

Costa Rica

no.05

哥斯大黎加

data

國名　哥斯大黎加共和國

面積　約5萬1100km²

人口　約476萬人

氣候　熱帶氣候
5～11月為雨季

塔拉蘇（Tarrazú）

哥斯大黎加主要產區。高海拔、火山土壤，因而可生產高品質的咖啡豆。

中央谷地

西部谷地（West Valley）

出自微型處理場（micro mill）細緻處理的高品質豆

哥斯大黎加在二〇〇八年迎接了生產咖啡兩百年的大日子。主要栽種在塔拉蘇、西部谷地等高海拔山區。大多是小規模的莊園，以前各個地區皆設有集散地，將區域內的莊園所採收的咖啡果實集中統一處理，再出貨到市場上，生產者並不被看見；近年來有越來越多由幾名小農集合起來經營、自行處理咖啡豆的「微型處理場」出現，讓成品依不同生產者而展現出獨自的個性。目前已有超過一百五十家的微型處理場，生產高品質咖啡豆的莊園也占多數，在全球各地評價日漸高漲，也使得生產者有更多的熱情投入。

備受注目產地

火山環繞的中央盆地

Central Valley

中央谷地

風味

明亮的酸味與甘甜

雖然因產地不同而有些變化，但絕大部分都有堅實口感與明亮酸味。經蜜處理法生產的蜜處理咖啡，因滑順的甜味而在全球消費市場有很高的評價。

栽種品種

100%栽培阿拉比卡種

明文禁此栽種羅巴斯塔種，因此僅有阿拉比卡豆。卡杜拉、卡杜艾等亞種亦多見。

- 卡杜拉種
- 卡杜艾種
- 薇拉沙奇種（Villa Sarchi，波旁變種）

分級制度

約50%為精品咖啡

產量約有一半是輸往精品咖啡市場。等級由高至低分別有極硬豆（SHB）、優質硬豆（Good Hard Bean，GHB）、硬豆（HB）三個等級。

處理方式

蜜處理法為主流

採用蜜處理法，即保留咖啡果實內部的果膠去乾燥的處理法，因而留下堅實的口感與甘甜。有時也會依不同品種採水洗或日曬。

首都聖荷西所在的大盆地——中央谷地四周由火山環繞，是最適合栽種咖啡的地區。咖啡樹在酸性肥沃的土壤上長得結實，因而可生產優質的咖啡豆。雨季與乾季有明顯的區別，大半的莊園都位在海拔1000m以上的地帶。越往高海拔處越能生產出具有豐富酸味與醇厚的咖啡，在歐洲十分受到歡迎。

pick up

布魯瑪斯處理場（Brumas del Zurquí）

位在中央谷地，由4家小農所共有的微處理場。為提升品質，日以繼夜地持續研究更好的處理技術。

data

莊園面積：40ha
（4個莊園合併計算）
海拔：約1300～1600m
收穫期：11～3月
年生產量：500～600俵
（1俵：約69kg）
2011年的數據

El Salvador

no.06

薩爾瓦多

data

國名　薩爾瓦多共和國

面積　2萬1040㎢

人口　約611萬人

氣候　海岸區為熱帶氣候
高原地區為亞熱帶氣候

聖安娜（Santa Ana）
查拉特南戈（Chalatenango）
阿帕內卡（Apaneca）
以精品咖啡產地聞名，多栽種帶有巧克力香氣的波旁咖啡。
烏蘇盧坦（Usulutan）

各項表現勻衡的高級品種 帕卡瑪拉受到注目

帕卡瑪拉是帕卡斯與巨型象豆交配而成的新品種，源自於薩爾瓦多。顆粒大、口感堅實，帶有柑橘類的果實感是為特徵，在精品咖啡界有很好的評價。薩爾瓦多因處於火山地帶，擁有種植咖啡的最好條件，早年即已開始栽種咖啡，然而在一九八〇年代因內戰爆發，產量一時銳減，但也因為內戰的影響而少改種其他品種，現今保留了許多的波旁咖啡樹。二〇〇五年聖安娜火山爆發，附近有許多莊園被火山灰覆蓋而受災，經過了幾年後的今日，火山灰帶來的礦物質讓咖啡樹吸收之後，長出香氣鮮明的咖啡豆，可說是因禍得福。

備受注目產地

栽種優質的波旁咖啡

Santa Ana

聖安娜

風味

開始追求個性多元豐富的口味

薩爾瓦多咖啡直到不久前還被認為風味沒有特別的記憶點，最近評價才不斷提升。常被討論的帕卡瑪拉有水果般的酸味，波旁則是帶有巧克力般的甘醇。

栽種品種

珍貴的帕卡瑪拉

絕大部分是波旁，帕卡瑪拉僅占整體的幾個百分比，不過量少稀有也是它受人追捧的原因。

・波旁種
・帕卡斯種
・帕卡瑪拉種

評鑑方式

國內品評會提升了品質

2003年開始舉行卓越杯（COE），追求精品咖啡的意識日漸提升。評價方式與其他中美洲咖啡國一樣，以海拔高度來評分等級。

處理方式

人工手摘與日曬

請到熟練的工人手工摘選成熟的咖啡果實。主要採用水洗處理，之後再徹底地以日曬乾燥，使得咖啡的美味得以充分發揮。

聖安娜位於薩爾瓦多西部，是薩國數一數二的主要生產地。小規模的咖啡莊園主要集中在聖安娜火山高地一帶，等到咖啡果實完全熟透變紅之後，才以人工摘採方式仔細挑選的優質波旁咖啡，十分有名，占了整體產量高達七成。有些莊園在栽種波旁之餘，也會種植帕卡瑪拉，因收穫少而物稀價昂。

pick up

聖伊蓮娜莊園（Finca Santa Elena）

在可俯瞰湖的山坡斜面上實行徹底的生產管理，種出易入口、具有透明感的咖啡。

data

莊園面積：210ha
海拔：約1000～1800m
收穫期：1～3月
年生產量：300t
2011年的數據

Ethiopia

no. 07

衣索比亞

data

國名	衣索比亞聯邦民主共和國
面積	109萬7000㎢
人口	約9696萬人
氣候	亞熱帶氣候 雨季為6～9月

咖法（Kaffa）
據說是發現咖啡的地方，現今亦生產大量咖啡。咖啡之名便是來自於此。

哈拉（Harer）

耶加雪菲（Yirgacheffe）

培育野生樹種 阿拉比卡的發源地

咖啡的原產地——衣索比亞的國土大部分都是山地，至今仍有一部分的咖啡是採自野生的咖啡樹。栽種地區廣泛，幾乎都是小農家。咖啡是重要的收入來源，從業人員約占總人口的五分之一。

衣索比亞人早中晚都會來杯咖啡，很多人更是不只如此，因而國內消費量大，約有30～40％沒有輸出，在當地就被消費掉。不過以出口品項來說，咖啡仍是衣國最大宗，約占整體的40％。各地收穫的咖啡豆多有高雅酸味及香料般香氣，多以摩卡的名稱出口海外。因各地的風味與香氣不同，還是要依產地來選擇。

備受注目產地

香氣明顯的「摩卡」受到好評

Yirgacheffe

耶加雪菲

風味

蜜桃般的香氣

在帶有水果酸味的摩卡中，耶加雪菲豆的香氣更有如蜜桃、麝香葡萄般清新，於世界各地都受到喜愛，常以高價被買賣。

栽種品種

有多樣在地品種

衣索比亞自古以來便有野生咖啡生長，原生特有品種達3500種以上，各家生產者都從中挑選栽種。

・衣索比亞原生種

分級制度

以瑕疵豆的數量決定

傳統日曬法容易混進未成熟豆等有缺陷的瑕疵豆，因此衣索比亞以瑕疵豆的數量多寡來分級，共有8個等級（1～8，瑕疵豆少到多）。出口的都是在等級5以上的優質品。

處理方式

採用摩卡中少見的水洗處理法

衣索比亞咖啡農多採用日曬處理（果實直接日曬乾燥→去除果肉），耶加雪菲一地則以水洗（去除果肉→發酵→洗淨→乾燥）為主流，因此帶有檸檬般的清爽。

包括錫達馬（Sidama）、谷吉（Guji）等的西達摩（Sidamo）一帶是所有「摩卡」中最受歡迎的產地。其中又以耶加雪菲地區的咖啡豆，因品質優良而名聞世界。一般採用水洗處理，近年來因將整顆果實直接乾燥的傳統日曬再次受到矚目，也有越來越多的小農積極轉向這種保留咖啡原有果味的處理方式。

pick up

阿迪斯凱特瑪合作社（Addis Ketema）

有2000名以上的生產者會將咖啡果實運送到此集散的合作社，這些咖啡都是生長在海拔約2000m之地，香氣迷人而有一定的好評。

data

莊園面積：0.5ha×約2058人
海拔：約1800～2300m
收穫期：10～1月
年生產量：175t（每年有些差異）
2011年的數據

Kenya

no.08

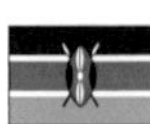

肯亞

data

國名　肯亞共和國

面積　58萬3000k㎡

人口　約4486萬人

氣候　熱帶氣候、溫暖濕潤
雨季為3～5月、
10～12月

肯亞山西部

咖啡的主要產地散落在肯亞山與阿伯德爾山脈(Aberdare Range)周邊，種植於高海拔地區。

肯亞山

錫卡(Thika)

尼耶利(Nyeri)

風靡精品咖啡界的頂級咖啡豆

肯亞豆的品質優良，在關注精品咖啡豆的消費國家裡已是一種常識。特別是在歐洲，更將肯亞豆視為珍寶，以一級品高價買賣。肯亞在咖啡產地集中的東非國家中，還能夠種出高品質的咖啡，主要原因在於很早就開始並持續品種研究，配上完整的管理體制，從種子的階段到生產處理、杯測等，各項流程中都有系統性且細緻的管理。產地在肯亞山附近，茶褐色火山灰土壤廣闊分布的恩布(Embu)、尼耶利，以及基里尼亞加(Kirinyaga)等地最為有名。一年有兩次的雨季，收成也是一年兩回，但以11月到隔年收成的主要產季之評價較高。

備受注目產地

栽培於海拔1500m左右的高地

Thika

錫卡

風味

有如波爾多紅酒般

有著黑醋栗、藍莓般甜美清爽的香氣。雖然有人認為它的酸味很強，不過因為是口感圓潤高雅的酸，還有芳醇的香氣更讓人留下印象。

栽種品種

從研究所中選拔而出的2種

SL是位於奈洛比的研究機關「Scott Laboratories」之簡寫。由此選出的波旁種為重點栽種品種。

・SL28　・SL34

分級制度

從豆子的形狀到咖啡液皆有嚴密分級

Screen size（簡稱S）指的是豆子的大小。顆粒越大則等級越高，分別為AA（7.2㎜以上）、AB（A約6.8㎜與B約6.2㎜的混合）、C（比B還小顆），此外豆子的外觀、萃取的咖啡液品質也都有分級制度。

處理方式

於處理場系統管理

在處理場先依咖啡果實的顏色選果，再泡水依比重分類後進行水洗處理。乾燥後的豆子再送去精製／脫穀（dry mill）。

位於肯亞首都奈洛比（Nairobi）約100km外的農村，當地居民善利用火山土壤，除了咖啡之外，紅茶、夏威夷豆（macadamia nuts）的栽種亦十分盛行。錫卡地區的咖啡評價特別高，可嘗到莓果系的溫潤甘醇，口感有如體幹堅實的紅酒，符合歐洲人的口味，因此被許多飯店、餐廳採用。

pick up

卡林加（Karinga）

有650名生產者加盟的處理場，監督、指導加盟者的技術，協助提升品質。

data

莊園面積：栽種面積全體加起來為130ha；0.25～4ha／人
海拔：約1840m
收穫期：4～6月、10～12月2次
年生產量：86t（全體）
2011年的數據

Rwanda

no.09

盧安達

data

國名	盧安達共和國
面積	2萬6300km²
人口	約1210萬人
氣候	熱帶氣候。雨季為3～5月、10～12月

馬拉巴（Maraba）

較其他地區更徹底管控品質，因而出產有確實品質的咖啡豆。

• 盧瓦馬迦納

飛躍成長的非洲新星

在盧安達，咖啡是出口貿易額第一的重要農作物，種植咖啡的歷史，從殖民時代政府規定每間農戶有栽種七十棵咖啡樹的義務開始，延續至今仍有許多小農生產著咖啡豆。以往是以自然乾燥的日曬法為主流，二〇〇〇年前後，為了輸出精品咖啡而展開各種嘗試，慢慢地移往水洗式處理。依照盧安達政府二〇一〇年計畫，現在水洗處理場已增加到一百四十所左右。二〇〇八年非洲首次舉辦了卓越杯（COE），盧安達被選為主辦國，使其成為近年來備受矚目的非洲產地。

備受注目產地

香氣絕佳的極品咖啡就此誕生

Rwamagana

盧瓦馬迦納

風味

如櫻桃般華麗的風味

盧安達的土地大多為丘陵地，因而被稱為「千丘之國」，生產的咖啡有著酸甜調和的清爽口感，自然的風味是為特徵。

栽種品種

各方面表現均衡的波旁

主要栽種的是香氣、酸味等有良好均衡感的波旁，一戶農家平均種植約200棵的咖啡樹。

・波旁種

分級制度

依杯測及瑕疵豆數來分等

依杯測及瑕疵豆數來分等，設有5個等級。針對精品咖啡潮流，近來也著力在確立有機栽培制度與改良處理法等。

處理方式

在地方上的處理場水洗

咖啡農手工摘採的咖啡果會送到附近的水洗處理場完全洗淨後乾燥，之後再一顆顆靠人工手選，是不惜人力的處理方法。

盧瓦馬迦納地區位於東部省（Province de l'Est），盧安達特有的海拔1500～2000m之地，豐厚的火山灰土壤與適度的年雨量（2000mm），日夜溫差大等氣候條件，以有機農法栽種著優質的阿拉比卡豆。因生長於理想條件之下，萃取出來的咖啡有獨特的氣味。該地區設有水洗處理場，徹底執行水洗步驟。

pick up

RWACOF水洗處理場

附近小農所採收的咖啡果都送到此水洗處理，再放到棚架上日曬乾燥。

data

莊園面積：各農家都是農地未滿1ha的小農
海拔：約1450～1600m
收穫期：3～5月
年生產量：248t
2011年的數據

Indonesia

no. 10

印尼

data

國名	印度尼西亞共和國
面積	約189萬km²
人口	約2億4900萬人
氣候	雨季與乾季分明 雨季為11～4月

亞齊自治區（Aceh）

蘇門答臘島

爪哇島

蘇拉威西島（Sulawesi）

以備受好評的精品咖啡豆托那加聞名，規定只能栽種於高山地區。

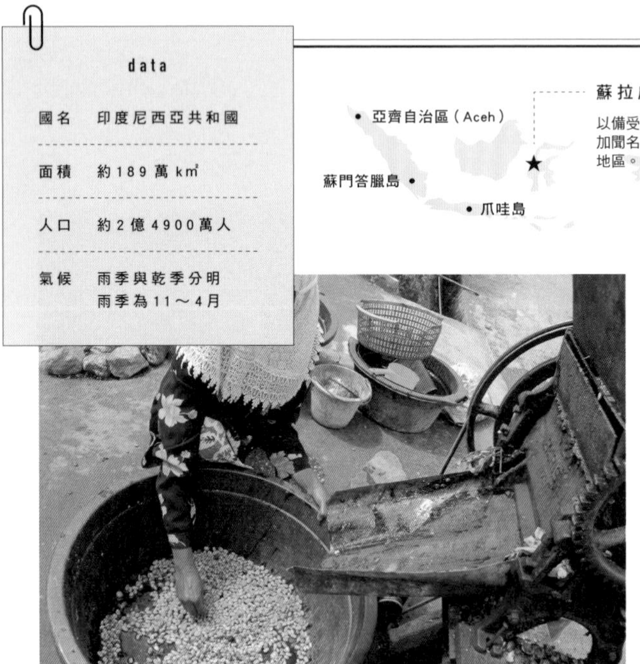

產自蘇門答臘島 香醇濃厚的曼特寧

印尼栽種咖啡的歷史可以上溯到一六九九年，荷蘭人將咖啡樹苗帶到爪哇島種植開始，此後印尼成為全球有數的咖啡生產國之一；然而一九〇八年因為鏽病流行而遭受到毀滅性的傷害，只好改種能有效對抗病害的羅巴斯塔豆，因此現今大半都是羅巴斯塔種。然而，一部分地區也種出最好的阿拉比卡豆，蘇門答臘的曼特寧即為代表，圓潤的香氣與強勁的口感，成為在世界各地深獲喜愛的精品咖啡。此外，蘇拉威西島的托那加則以取自麝香貓糞便的麝香咖啡，因物稀價昂而聞名。

備受注目產地

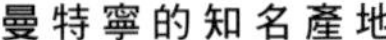

曼特寧的知名產地

Sumatra Aceh

蘇門答臘島　亞齊

風味

濃厚感重的沉穩風味

偏深烘焙後表現出紮實苦味與柔和酸味的曼特寧，人們喜歡以黑咖啡來品嘗它。與其他種混豆後多了些層次變化，多了甘醇也很不錯。

栽種品種

阿拉比卡顯得貴重

印尼的曼特寧與爪哇等阿拉比卡豆雖有名，但產量的90%其實都是羅巴斯塔。

- 羅巴斯塔種
- 卡第摩種（Catimor）
- 鐵比卡種

分級制度

以顆粒大小與瑕疵豆數來分級

顆粒大、瑕疵豆少的等級就高。顆粒從大至小分為「Large」、「Small」等，瑕疵豆則由數量較少開始分為「1～5」5個等級。

處理方式

蘇門答臘式處理──濕剝處理法

處理咖啡豆時通常會在去除果肉後，先徹底乾燥再脫殼，然而印尼因為乾燥時間短，在半乾時就接著脫殼，然後再由買下生豆的買家自行乾燥。

亞齊自治區位於蘇門答臘島最北端，是曼特寧的主要產地，占了整體生產量的70%；打京岸地區（Takengon）則最為知名，品質安定。印尼的雨季與咖啡豆的收成時節重疊，因此難以使用日曬乾燥，而發展出獨自的濕剝處理法（wet hulled），曼特寧特有的香氣也是因為這種獨特處理方式而產生的。

pick up

打京岸地區（Takengon）

咖啡小農密集之地，各農家都會處理到剩內果皮甚或是生豆的程度，才賣給代理商。

data

莊園面積：大多是2ha上下的小規模農莊
海拔：約850～1500m
收穫期：10～12月、4～6月，2次
年生產量：1戶約15～20俵
2011年的數據

Dominica

no. 11

多明尼加

data

國名　多明尼加共和國

面積　4萬8442km²

人口　約1053萬人

氣候　熱帶氣候
雨季為5～11月

希巴歐（Cibao）

中央山脈海拔1000～1500m附近有咖啡莊園，大多種植卡杜拉。

★ • 拉拉古納（Las Lagunas）

生長於豐美的大自然 物稀價昂的咖啡豆

多明尼加是有傲視全球的加勒比海美景之咖啡產地，以加勒比海最高峰、海拔三〇九八公尺的杜阿爾特峰（Pico Duarte）為首，有許多海拔達二千公尺以上的高山。

馬丁尼克島（Martinique）上生長的鐵比卡，於一七〇〇年代即已移植到此，是多明尼加種植咖啡的起始點。有山有海的大自然環繞下的多明尼加，在富有起伏變化的斜坡面種植咖啡，大多是大型莊園，主要的產地有希巴歐谷地，以及近海的巴拉奧那（Barahona）。品種以鐵比卡與卡杜拉為主，因產量少，在日本難得一見。

備受注目產地

有機栽培的優質咖啡

Las Lagunas

拉拉古納

風味

清爽而溫柔

加勒比海一帶所產的咖啡有個共通點就是清爽好入口。拉拉古納產的更多了水果的甘甜。

栽種品種

優質的2大品種

以鐵比卡、卡杜拉為主。1998年遭到強烈颶風肆虐之後，鐵比卡有逐漸減少的傾向，較矮的卡杜拉則增加。

・鐵比卡種　・卡杜拉種

評鑑方式

各產地不同

基本上依顆粒大小分成AA、AB等幾種等級。在希巴歐、巴拉奧那等主要產地會掛上產地買賣。

處理方式

大部分採水洗處理

水洗處理法（去除果肉→發酵→洗淨→乾燥）為主流。只採收完全成熟的咖啡果實，在水中依比重選果。

因致力於環境保護，而有大片豐富自然的地區。採行有機栽種高品質咖啡的莊園豆，具有過去多明尼加咖啡未曾有的果味與堅實口感。

pick up

希門尼斯莊園（Jimenez）

創立50年、家族傳承三代，有高度生產者意識的莊園，聘請熟練的採豆者手工摘採，費工製作。

data

莊園面積：60 ha
海拔：約1150～1400m
收穫期：3～6月
年生產量：不明
2011年的數據

Burundi

no. 12

蒲隆地

data

國名	蒲隆地共和國
面積	2萬7800km²
人口	約1020萬人
氣候	熱帶氣候。雨季為3～5月、9～12月

恩戈齊（Ngozi）

於海拔1800m左右的高地栽種咖啡，帶有柑橘般清爽的香氣受人喜愛。

卡揚札（Kayanza）

新星即將誕生的徵兆屢顯 全球烘焙者無不關注

蒲隆地位在中非內陸，國土面積小，且幾乎全境都處於一千五百公尺以上高地，是為特徵。

一九九〇年代因被國際貿易中心精緻咖啡計畫（The Gourmet Coffee Project by ITC, 1997-2000）納入成員，慢慢有咖啡迷注意到蒲隆地所生產帶有柑橘般明亮酸味的咖啡，此後雖然沒有得到世人特別的關注，但受到鄰國盧安達咖啡產業顯著發展的影響，近年來蒲隆地的生產意識也慢慢提升，努力朝生產精品咖啡發展，成為再次受到注目的咖啡產地。二〇一一年舉辦國際咖啡大賽「Prestige Cup」、二〇一二年舉辦COE，讓來自世界各地的買家認識到蒲隆地的實力。

備受注目產地

以嚴格的審查來分級

Kayanza

卡揚札

風味

柑橘系明亮的香氣

讓人聯想到橘子或蘋果的清爽氣味。處理手法越來越成熟仔細，品質不斷提升而獲好評。

栽種品種

香氣足的波旁種

有最適合栽種咖啡的氣候條件及徹底執行的國家管理體制，生產出高品質的波旁咖啡。

・波旁種

評鑑方式

由國家管理局統一審查

水洗處理場出貨的咖啡豆會有正式證明書，送到OCIBU進行一切的審查過程，經過嚴謹的確認後進行分級。

處理方式

於各地新設處理場

於各地區設置水洗處理場，並給予技術指導。徹底執行比重選果、水洗處理、棚架上日曬乾燥等步驟。

蒲隆地近幾年來積極於卡揚札等地設置水洗處理場，經過最新設備處理過的咖啡豆，再送往國家咖啡管理局（'Office du Café du Burundi，簡稱 OCIBU）審查。

pick up

帕恩甲水洗咖啡處理場
（Mpanga Coffee Wash Station）

附近散落的小農家將採收的果實交付於此，生產者約2000～3500名，年處理量在500t以上。

data

莊園面積：60ha
海拔：約1150～1400m
收穫期：3～6月
年生產量：500t
2011年的數據

Honduras

no.13

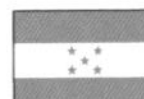

宏都拉斯

data

國名	宏都拉斯共和國
面積	11萬2492km²
人口	約810萬人
氣候	熱帶氣候 雨季為5～10月

聖巴巴拉（Santa Bárbara）
國內最大咖啡產地，總產量約三分之一來自於此。

因蒂布卡（Intibuca）

不可錯過宏都拉斯COE得獎莊園！

面中美洲加勒比海的宏都拉斯，擁有最適合栽種咖啡的條件，一年出口的咖啡豆共有兩萬四千公噸之多。境內三分之一在海拔超過一千公尺以上，咖啡莊園就集中在山地裡。雖是森林遍布、高溫多濕的熱帶氣候，然而高原地帶因日夜溫差大，造就了美味的咖啡。最大的產地為聖巴巴拉。一九九八年橫掃多明尼加的颱風同樣為宏都拉斯帶來了嚴重的破壞，不過現在已經復興，收成漸增。宏都拉斯的咖啡酸味柔和，受到美國人的喜愛，也很合日本人的口味，日本的進口量是全球第二多，僅次於美國。

備受注目產地

生產酸味柔和的咖啡

Intibucá

因蒂布卡

風味

飄散出水果般的香氣

有著如水果般甘甜的香氣與明亮高雅的酸味。後味乾淨清爽，尾韻怡人。

栽種品種

依各莊園不同，有各式品種

波旁、卡杜拉、帕卡瑪拉等，各個莊園栽種著各色品種。產地所在的海拔越高，越是美味。

・波旁種　・卡杜拉種　・帕卡瑪拉種

評鑑方式

依海拔高低分級

海拔1200m以上為SHG（Strictly High Grown），900～1200m之間則為HG（High Grown），海拔越高越高級。

處理方式

在乾燥上特別用心

為了符合優質咖啡的品質，非常仔細地處理。採用水洗式，再花約一週的時間在廣闊的廣場上慢慢曬乾。

照片為省廳所在的大街。咖啡栽種在高海拔之地，大多為擁有廣大土地的大莊園。有良好製法與管理的莊園所產的咖啡，有著比別處好上數段的優質酸味與香醇。

pick up

杜拉斯諾莊園（El Durazno）

種植範圍有東京巨蛋那麼大，卻是不惜人力用心栽培。高海拔處採收的咖啡豆擁有讓人聯想到柑橘類水果的明亮酸味。

data

莊園面積：4.6ha
海拔：約1750m
收穫期：1～3月
年生產量：約6.3t
2011年的數據

Bolivia

no.14

波利維亞

data

國名　多民族玻利維亞國

面積　110萬 km²

人口　約1005萬9000人

氣候　熱帶氣候
雨季為11～3月

卡拉納維（Caranavi）
海拔1500m以上的產地，多濃霧，為咖啡帶來好的影響。

亞納卡其（Yanacachi）

在山地緩慢生長的咖啡 有著豐富的香醇與甘美

以高原之國著稱的波利維亞境內的西部，有安地斯山脈在其縱走，是南美洲的內陸國。國土的三分之一聳立著安地斯山脈，主要城市有近一半位在海拔二千～四千公尺的地方。咖啡大都栽種在海拔一千公尺左右的地帶，但一千五百公尺以上的高地也頗為盛行。越高之處所生產的咖啡豆等級越高，因為果實得要花很長的時間緩慢生長成熟，凝縮了香醇與甘美，成就出最棒的一杯咖啡。特別是產自二千公尺以上的咖啡豆，更有卓越的表現。來自波利維亞豐富大自然高地的咖啡豆，在今日的精品咖啡界已是常客。

備受注目產地

全球海拔最高的生產地

Yanacachi

亞納卡其

風味

帶有柑橘系的酸味與甜味 均衡感佳

各方面表現均衡而呈現出圓潤滑順的口感。巧克力、堅果般的風味中散發出華麗的酸味。

栽種品種

栽種著傳統品種

大多栽種著被稱作是阿拉比卡豆原生種的古老品種——鐵比卡，亦有卡杜拉等，特徵是即使同一種咖啡，表現出來的風味也與其他國家產的不同。

・鐵比卡種　・卡杜拉種

評鑑方式

比照精品咖啡

2001年導入精品咖啡的評價系統，並在各地培育優秀的評審。

處理方式

水洗為主流

幾乎都採用水洗處理法。Agro Takesi 莊園機械烘乾與戶外棚架日曬兩種併行。

此地有於海拔特高的1900～2600m高地上栽種咖啡的Agro Takesi 莊園，所產出的層次豐富具深度風味的咖啡豆，拿下了2009年波利維亞COE冠軍。

pick up

Agro Takesi 莊園

世界上數一數二的高海拔莊園，生產最高品質的咖啡豆。產量少，現在僅有日本的丸山珈琲與全球少數幾家店採購得到。

data

莊園面積：38ha
海拔：約1750～2600m
收穫期：8～12月
年生產量：最多2t
2011年的數據

India

no.15

印度

data

國名	印度
面積	328萬7469㎢
人口	約12億1057萬人
氣候	熱帶氣候 雨季為6～10月

克拉拉（Kerala）

中央山脈海拔1000～1500m附近有許多咖啡莊園，多種植卡杜拉。

卡納塔克邦（Karnataka）

咖啡小農種出獨特的阿拉比卡豆

印度的咖啡產量在亞洲僅次於越南、印尼，位居第3位，主要栽種羅巴斯塔，但品質優良在歐洲是被用於調配義式咖啡的重要品種。說到印度咖啡，首先浮現的就是羅巴斯塔豆，但其實阿拉比卡豆的栽種也很盛行，產量是亞洲第1名。過去印度的阿拉比卡豆並不特別被人稱讚，最近出現了不少致力提升品質的小農，常有獨特風味的產品。此外，一般認為印度人愛喝紅茶，不過在南印其實咖啡更受歡迎。

備受注目產地

有獨特風味的阿拉比卡豆

Karnataka

卡納塔克邦

風味

帶有香料的香氣與苦味

有獨特的香料氣味，適當的苦味也是一大特徵，深烘焙後有不少人喜愛，喝起來是具有野性而帶異國情調的風味。

栽種品種

羅巴斯塔種 & 阿拉比卡種

生產比例羅巴斯塔種約占70%，阿拉比卡種約占30%。

・羅巴斯塔種　・阿拉比卡種

分級制度

以處理法及顆粒大小來分等

水洗處理的咖啡豆稱為「Plantation」，非水洗的則為「Cherry」，依顆粒大小分等級，從顆粒大的起算有 AA、A、B 等各級。

處理方式

各莊園不同

水洗與日曬都有，知名的「India Monsoon」即是讓日曬豆再吹過西南季風的印度特有處理方式。

譯註：印度的西南季風高溫高溼，會促進咖啡的發酵，生豆的含水量從一般的10～12%增加到18～20%，生豆會大幅膨脹，並隨著發酵產生獨特的香氣。

位於西南部的一大咖啡產地，印度咖啡總產量約70%都來自於此。最近有些生產優質咖啡的小農出現，所產的咖啡具有獨特風味，吸引不少有興趣的買家。

pick up

Bhadra Bettadakhan 莊園

與其他兩間莊園合稱為 Bhadra Estates 而為人所知。在咖啡樹旁配置了遮蔭樹，提供適度的樹蔭，遮擋過度的陽光。

data

莊園面積：100ha
海拔：約1140～1290m
收穫期：12～3月
年生產量：850t（3間莊園合併）
2011年的數據

Nicaragua

no.16

尼加拉瓜

data

國名	尼加拉瓜共和國
面積	12萬9541km²
人口	約617萬人
氣候	熱帶氣候 雨季為5～10月

新塞哥維亞（Nueva Segovia）

希諾特加（Jinotega）

位於北部的傳統產地，大莊園多，盛行咖啡種植。

馬塔加爾帕（Matagalpa）

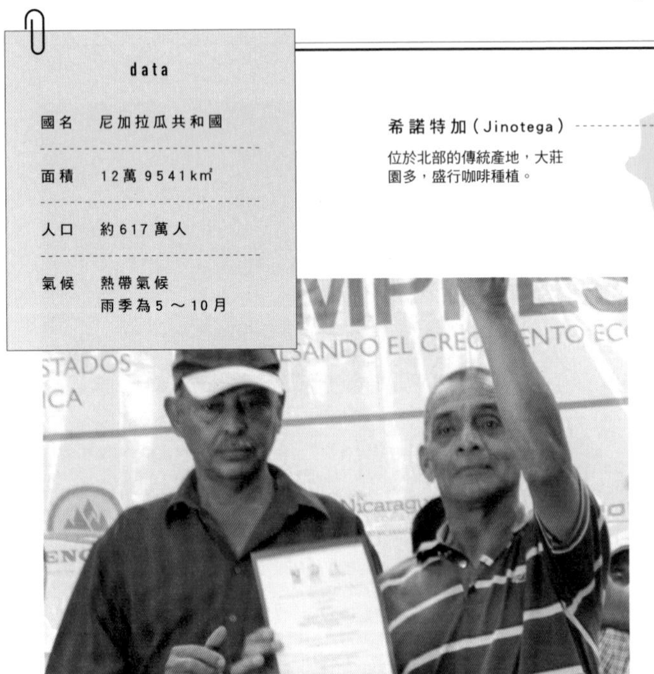

品種特性顯著的精品咖啡

尼加拉瓜自二〇〇〇年左右開始逐漸轉向精品咖啡的生產，是致力提升品質的中美洲咖啡生產國。

咖啡在約二百年前，由天主教傳教士傳進來。尼國的地理位置處於中美洲的中心地，咖啡的栽種主要是在西部的山地，普遍為大型莊園。依各莊園不同，種植卡杜拉、巨型象豆、帕卡瑪拉等各類個性豐富的品種，是適合依不同莊園去品飲比較的有趣生產地。對精品咖啡的熱情高昂，二〇〇二年開始舉辦尼加拉瓜COE。

備受注目產地

精品咖啡輩出

Nueva Segovia

新塞哥維亞

風味

品種繁多而風味多元

巨型象豆有均衡圓潤的表現，帕卡瑪拉則是酸味清爽，種類不同而風味各異。

栽種品種

多樣化品種

依各莊園不同，種植著巨型象豆、卡杜拉等各式阿拉比卡豆，曾在COE大放光芒的各種豆子，不論哪個品種都十分傑出。

・巨型象豆種　・卡杜拉種

評鑑方式

與銷售連結的COE

對各莊園來說，能夠在尼加拉瓜COE獲獎是無上的榮輝，不少莊園都以得獎為目標。

處理方式

水洗後日曬

一般採用在去除果肉之後，再移至發酵槽浸泡數十小時的水洗式處理。於發酵槽將果膠去除到一定程度後，再進行日曬。

接近宏都拉斯的邊境，高海拔山區，有火山灰質土壤及天然湧泉之地，生產者大多精益求精，盡可能地善用大自然給予的資源來栽種咖啡。

pick up

瓜達露佩聖母 & 瑪利亞雙莊園
(La Guadalupana & Finca María)

2011年尼加拉瓜COE第1名。珍貴的瑪拉卡杜，質感醇厚還帶有覆盆子般甘美的尾韻。

data

莊園面積：14ha
海拔：約1300m
收穫期：12～3月
年生產量：合計19t
2011年的數據

Coffee Story 3

日本咖啡文化的先驅者

因與巴西有著長而深的聯繫關係，
促使咖啡在日本生根的「CAFÉ PAULISTA」
可說是「銀座BRA」一詞的發祥地

攝影：加藤史人

CAFÉ PAULISTA 是巴西咖啡的代名詞

現在店面位於銀座8丁目的CAFÉ PAULISTA，在近一百年前就已存在，是為日本咖啡文化發展奠定基礎的一家店。

銀座店創立於明治44年（西元一九一一年）12月12日；所在位置是現今銀座7丁目一帶，當時的銀座是日本代表性的文化街，多家報社、外國商行設立於此，知識份子昂首闊步的地區，亦有許多學生造訪，其中又以慶應大學的學生可從三田校區徒步來到銀座，他們的終點站便是CAFÉ PAULISTA。

現在「銀座BRA」一詞意味著在銀座悠閒散步（譯註：日文中「ぶらぶら」一字，發音為BURABURA，意思為漫無目的地行走），但原本指的是在銀座喝巴西咖啡，將巴西咖啡的代名詞套入，就是在CAFÉ PAULISTA喝咖啡的意思。一般認為創造出這個專有名詞並帶動流行的，便是這些慶應大學的學生。

赤黑罐

現今的CAFÉ PAULISTA仍可見有當時商標、優質的烘焙咖啡。暱稱「赤黑罐」的招牌商品復刻販售中。

CAFÉ PAULISTA OLD

重現當年風味的一款咖啡。主要使用巴西豆，口味以苦味為特徵。

DATA

CAFÉ PAULISTA 銀座本店

カフェーパウリスタ ぎんざほんてん

地址／東京都中央區銀座 8-9
長崎 CENTER 大樓 1F
TEL／03-3572-6160
營業時間／8:30～21:30（L.O.21:00）、
週日國定假日 12:00～20:00（L.O.19:30）
定休／無
http://www.paulista.co.jp/

如鬼般漆黑，如戀情般甜美，如地獄般炙熱。時代是如此表現咖啡。

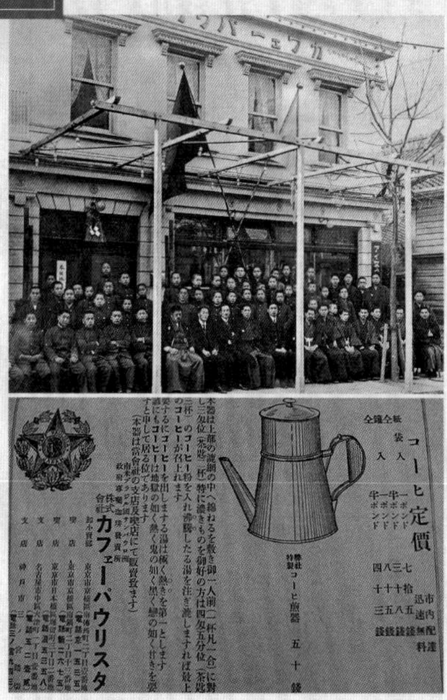

大正5年(1916年)銀座店前齊聚的CAFÉ PAULISTA員工。夏天的棚架上會掛起竹簾，真是戶外咖啡廳才會有的趣味。

當時的廣告

左上的圖案是模仿聖保羅州的紋章，在咖啡樹包圍的五芒星中，繪有女王頭。

CAFÉ PAULISTA會等於巴西咖啡代名詞的背景，與日本巴西之間的移民交流歷史有著深切的關連，一切得從CAFÉ PAULISTA的創始者，同時也被稱為「巴西移民之父」的水野龍說起。

明治41年(一九〇八年)，移民船「笠戶丸」載著首批要移民至巴西的七九三人，從夕陽西下的神戶港出發，而帶領這批移民的團長便是水野氏。當時日本因食糧不足，有不少人想要尋找一片新天地謀生。

他們來到地球另一端的南美洲，開拓移民之路窮極困難，卻因為誠實勤勞、信守承諾，在巴西獲得很大的信賴。巴西的聖保羅州政府為了感謝引進這些移民的水野之功勞，決定無償提供咖啡豆，當然裡面也夾帶著要為巴西的咖啡產業宣傳，以及開拓日本這個新市場，促進咖啡普及的意圖。

CAFÉ PAULISTA便是因為有了無償的咖啡而開展的。那是「蕎麥麵、錢湯3錢」的時代，店裡以一杯5錢的價格供應著咖啡。這樣的舶來品能夠以如此的低價提供，當然是因為原料是免費獲得之故。

不過那時一般民眾對於西洋的食物仍舊感到陌生，水野氏為了讓這有強烈巴西的口味與香氣的咖啡能夠普及，可說是費盡了苦心。

眾多文化人來往
CAFÉ PAULISTA百花繚亂的常客們。

講究西式氛圍
當時店內的樣子

大正2年（一九一三年），銀座的CAFÉ PAULISTA改建成為三層樓石灰岩洋館風建築，正面飄揚著巴西的國旗，夕陽西下夜幕低垂時，便點起美麗的燈飾，2樓設有女性專用的「婦人室」（Lady's room）。在店內望去，有北歐味十足的壁爐，白色大理石餐桌搭配了洛可可式曲線圓滑的木椅。

另外，還有一項嶄新的特點是服務生只用美少年，身著別上肩章、金色鈕扣的純白上衣，搭配黑色長褲的身影，彷彿就是名海軍下士的模樣，以純銀托盤送上裝在白色咖啡杯裡的熱咖啡，再附上一杯冷開水，不僅打破了一般店家以女服務生接待客人的常態，引來一個又一個的傳說，常被寫進各式的小說、散文裡。

少年服務生以英文為客人點餐，那光景在作家井上廈的筆下是如此形容：「我們一進去就離不開的便是這家CAFÉ PAULISTA。這裡有名的是美國製自動彈奏鋼琴，以及身著制服的少年服務生，特別是這些少年服務生的英文發音之標準，簡直讓人驚異。他們會複述客人點餐的內容，像是『three coffee and two donuts』，完完全全的西式作風。」（《*Tokyo Seven Roses*》）。

這光景能在當時CAFÉ PAULISTA於報紙上刊登的新聞裡看到。

這種飄著西洋文化式香氣的摩登飲料，一開始就迷倒了眾多文化人。CAFÉ PAULISTA的營業時間是早上9點到晚上11點，據說人多時一天可以賣出四千杯的咖啡。

右）芥川龍之介在他的《饒舌》、《點心》、《他　第二》等作品中，讓PAULISTA登場。 左上）與謝野晶子。常和其夫與謝野鐵幹一同，或是與《青鞜》的同好們一起光臨。左下）廣津和郎的散文作品《正宗白鳥與珈琲》中所提到的白鳥。（以上照片皆為國立國會圖書館藏）

眾多文人所愛的 CAFÉ PAULISTA咖啡

在歐洲，咖啡館是近代藝術與文學的催生地，到了日本，CAFÉ PAULISTA就扮演著同樣的功能。

當時的CAFÉ PAULISTA正對面，便是被稱為「日本第一的報紙」之《時事新報》，是作家也是稀代的編輯，創設芥川獎、直木獎的菊池寬便是在那裡工作。而常把菊池寬叫到CAFÉ PAULISTA來討論事情的，就是芥川龍之介。在其代表作《侏儒的話》（侏儒の言葉）裡可以找到一段話提到：「今日民眾都喜愛巴西咖啡，換句話說，巴西咖啡絕對是好東西。」

除了他們之外，當時的作家、詩人、歌人、俳人、畫家、演員、社會運動家、學者，以及文化人，大多喜愛CAFÉ PAULISTA的咖啡。

像是大正民主（譯註：指1912～1926年間，日本從少數人把持的藩閥政治走向政黨政治的民主運動期）前夕，社會主義者大杉榮、荒畑寒村、堺利彥等人經常出入CAFÉ PAULISTA，在燙口又略帶著苦味的咖啡陪伴下，在理想與現實之間不斷議論著。在這樣的新時代下萌芽的各種藝術來說，CAFÉ PAULISTA的存在是無可取代的。

迎接 咖啡普及的100年

第一次世界大戰之後，日本的景氣大好，CAFÉ PAULISTA也跟著成長，成為足以代表日本的食品公司，擁有超過二千名的員工，這段期間也引進了今天我們已視為理所當然的早餐套餐服務。

二〇一〇年迎接創業的第一百年。江戶時代，咖啡作為長崎貿易的部分商品而被引進日本，大正2年的進口量已超過一百公噸，到了大正15年成長10倍，達到一千公噸，這條軌跡與CAFÉ PAULISTA的出現、發展幾乎完全重疊。對現下咖啡文化興盛有功的CAFÉ PAULISTA，至今仍在銀座為我們沖煮著燙口又略苦的咖啡。

history

CAFÉ PAULISTA
簡史

1908（明治41年）
第一代社長水野龍作為首批移民團團長，搭乘笠戶丸前往巴西。

1910（明治43年）
巴西的聖保羅州政府，持續地從聖多斯港（Santos）出口咖啡，並且授予東洋地區總代理權。

1913（大正2年）
成立株式會社CAFÉ PAULISTA，為了咖啡的宣傳與普及化，於銀座、淺草、丸之內、東京各區，乃至於日本全國各地開設直營店。

1942（昭和17年）
生產供應海軍之糧食，並且依照當局的指示，將社名改為日東珈琲株式會社。

1947（昭和22年）
投入菊苣（Cichorium）的栽種事業，重建戰後的咖啡業界。

1970（昭和45年）
在中央區新川舊工廠遺跡重建本社工廠。於原先創社所在的銀座，開設直營宣傳店CAFÉ PAULISTA銀座店。

1988（昭和63年）
於千葉縣松尾町建設咖啡綜合工廠。

用心愛的器具仔細地沖一杯咖啡

AESTHETICS OF THE COFFEE CUP

【 咖啡杯美學 】

咖啡的風味甚至是會隨著杯子而改變。學會連咖啡專家都重視的選用咖啡杯基礎後，前往各咖啡器具的產地，尋找屬於自己的那個咖啡杯吧！

監修：丸山健太郎（丸山珈琲）（→ P96）

—

首先從基本學起

如何選擇咖啡杯

喝著同樣的咖啡，卻會因咖啡杯的形狀、材質，而感受到不同的酸味、苦味。選擇咖啡杯有 3 個不可不知的重點。

POINT／01

內側的顏色

視覺對於味覺感受的影響很大，若是選擇陶製咖啡杯或內側有顏色的杯子，在萃取時難以分辨顏色，對濃淡的判斷容易失真。想邊喝邊欣賞咖啡的琥珀色時，建議選擇內側為白色的咖啡杯。

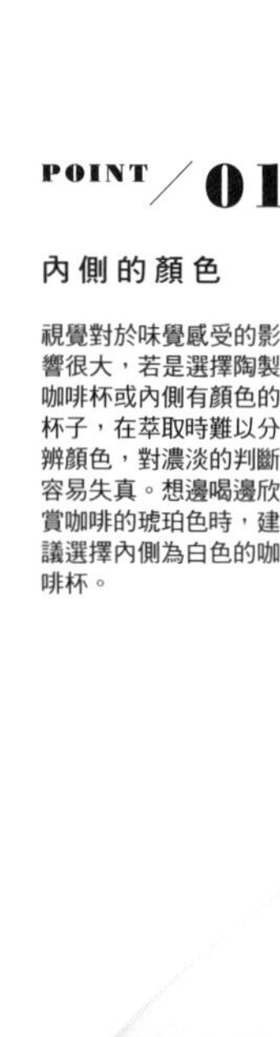

BASIC KNOWLEDGE OF THE COFFEE CUP

POINT／03

杯緣的厚度

咖啡杯緣越薄，越不會干擾到咖啡入口的感覺。有人說較厚實的咖啡杯會讓人注意到手上杯子的質感，而不適合拿來品味咖啡，但也有不少人其實就是偏好有手感的咖啡杯。

POINT／02

杯身的寬窄

人的舌頭構造，在舌尖感受到甜味，側面、舌根則分別嘗到酸味與苦味。杯身開闊的杯子可以讓咖啡入口時布滿個口腔，特別適合酸味明顯的咖啡。另一方面，細長的咖啡杯會讓咖啡直接衝向喉嚨，喝起來容易感到偏苦。

各式專業咖啡杯

咖啡杯的種類

專業的咖啡杯可以提引出咖啡的風味，因種類繁多各有其細緻的功用，在此僅介紹幾款具代表性的咖啡杯。

CAFE AU LAIT BOWL

【 拿鐵杯 】

捧在雙手間的幸福

沒有握把，呈碗狀的咖啡杯。誕生於法國，是為了用來將麵包沾拿鐵吃的咖啡杯，近來也有越來越多店家選用。

▸ 容量／300㎖

STANDARD CUP

【 標準咖啡杯 】

咖啡杯的代表

一般常見的咖啡杯，不僅是黑咖啡適用，拿來盛裝拿鐵或卡布奇諾也很剛好。

▸ 容量／120～140cc

學會選咖啡杯的訣竅
讓咖啡時光更美好

雖然都可稱為咖啡杯，但從標準杯到拿鐵杯，種類其實非常多元豐富。

「選擇咖啡杯不要被繁瑣的原則給限制，挑自己喜歡的來用就是最好的。我以前也認為用瓷器的咖啡杯，最能感受到咖啡原有的風味，然而到了咖啡產地，當地人用竹器、陶器的碎片也能喝，讓我對咖啡杯的定義也有了改變。」丸山先生說。

杯子內側的顏色、杯身的寬窄，杯緣的厚薄等基本重點掌握到了，接著就是看個人喜歡的質感或設計去選擇就對了。

MUG CUP

【 馬克杯 】

隨時隨地都能輕鬆使用

不論是在家還是辦公室都很常見且好用的大杯子，不管用來喝什麼都可以。筒狀的杯身，想要品味咖啡的苦味時最有幫助。

▸ 容量／180～250cc

BREAKFAST CUP

【 早餐杯 】

想要喝很多時

比標準杯大上一圈，不論是想喝較淡的美式咖啡或是較大杯的拿鐵時，都很適合。

▸ 容量／160～180cc

DEMITASSE CUP

【 濃縮咖啡杯 】

品味
義式濃縮咖啡

義式濃縮咖啡專用杯，demi 是拉丁語「半份」之意，tasse 則是「杯子」。是想要品味濃厚的義式咖啡時最適用的杯子。

▸ 容量／60～80cc

SEMI DEMITASSE CUP

【 雙份濃縮咖啡杯 】

加倍品味
義式濃縮咖啡

杯子大小介於半份（demi）與標準（standard）杯之間，雙份義式濃縮咖啡專用。家裡有義式咖啡機的人適合擁有這樣的杯子。

▸ 容量／80～100cc

COLUMN

瓷器與陶器

咖啡杯的歷史來自於歐洲的王公貴族。18世紀開始德國麥森瓷器（Meissen）等瓷器名牌相繼誕生，日本也曾有過一段瓷器風，有段時間喝咖啡必用瓷器杯，但最近對杯子的選擇越來越自由，選用陶器、玻璃杯的人變多了。用心選擇咖啡杯的材質，咖啡時光將更加讓人享受。

陶器的優點在於質感，陶土溫潤厚實的手感給人溫暖、放鬆的心情。透明的（玻璃）咖啡杯則適合用來呈現咖啡藝術。

探訪製作器物與保留用心生活之息的小鎮

走訪器物的產地

栃木的民藝之鄉「益子」，與生產日常用陶器而聞名的「波佐見」。
讓我們走訪這兩個陶瓷器窯町，尋找屬於自己的咖啡杯。

MASHIKO

【 益子燒 】— 栃木

生長於自由的風土溫潤的民藝陶器

益子位在栃木縣東南部，交通便利，從東京可當天來回。身為關東地區最大的陶鄉，近年來因為咖啡館風潮興起，以及人們對陶藝與器物的關心日增，而有許多人來訪。

除了一般咖啡館或陶藝品店之外，美術館也可見益子燒特有的陶土之味、溫潤的民藝陶器。不拘泥在傳統或一定的式樣，自由而多彩的作品，讓人目不暇給。

位於悠靜的深山，風氣自由的益子，現今有許多年輕作家在此開窯，依著自己的想法創作，除了傳統窯，個窯亦不少。此外，益子因有豐沛的自然資源，當地食材、蔬菜生產豐饒。接下來就介紹幾家來到益子必訪、使用超棒益子燒的咖啡館。

益子燒的特徵

益子是以出產陶藝品而知名的小鎮。一般認為曾在笠間修習陶藝的大塚啟三郎在江戶時代末期於益子開窯，是為益子燒的起源。大正時代陶藝家濱田庄司與柳宗悅、河井寬次郎等人推動了民藝運動，成為後世許多人來到益子訪問的契機。濱田氏使用益子的陶土與傳統的釉藥，加上西洋製陶技術，巧妙地融合了東西技法的陶作，在世界上獲得很高的評價，使得益子燒的名字一躍聞名。益子至今仍有許多小窯場散落在山谷或丘陵之間，據說數目達380間，或有一說是400間。

▸ CAFE / 01

洗練的「基本」也與當地陶工共同製作

starnet

スターネット

不斷地提出對舒適的生活風格與有機生活的見解，因而很受歡迎的一家藝品展售店。與店面相鄰的咖啡館也大量使用樸素卻展現創作者優異品味、很有味道的咖啡杯。

上）「每日現做蛋糕，咖啡館所使用的部分器物、木製湯匙等，在相鄰的藝品店也可買到。下）供應每日午間套餐的店裡，氣氛很好。

DATA

starnet

スターネット

地址／栃木縣芳賀郡益子町益子 3278-1
TEL／0285-72-9661
營業時間／11:00～18:00
定休／每週四
（若遇國定假日則會營業）

CAFE / 02 ◂

大方閒適、魅力四散益子新銳作家的器物

益古時計

ましこどけい

只開放給益古時計民宿客人的咖啡館與藝廊。以益子的年輕作家為中心，展示著為生活增添色彩的日用品。在咖啡館裡享用咖啡，有約13種作家的咖啡杯可供選擇。

上）招牌咖啡是「珈琲舍雅」的原創特調。下）充滿木頭溫馨氛圍的早餐咖啡館。坐在露台上有鳥鳴作為背景音樂。

DATA

益古時計

ましこどけい

地址／栃木縣芳賀郡益子町益子 4283-5
TEL／0285-72-7201
民宿房價／1晚 5,700 日圓～
定休／不定期
※ 營業時間請洽詢網站
http://mashiko-dokei.com/

▸ CAFE / 03

欣賞的器物可在咖啡館親手觸摸確認實用與否

益子的茶屋

益子の茶屋

益子燒在遵循傳統的同時亦加入現代品味，在只選用當地所產器物的「益子的茶屋」，可以挑選自己喜歡的杯子來享用飲料。周邊亦經營著陶藝教室與麵包店。

上）咖啡館的「甜點拼盤」。自助式飲料吧也很吸引人。下）復古裝潢的店內十分寬敞，分桌位座與榻榻米座，共有 90 個座位。

DATA

益子的茶屋

ましこのちゃや

地址／栃木縣芳賀郡益子町益子 3527-7
TEL／0285-72-9210
營業時間／10:00～17:00（L.O.16:30） 定休／週一
（若遇國定假日有營業）
http://www.tougei.net/m-chaya

說不定可以遇上找尋已久的真命咖啡杯！

MASHIKO COFFEE GOODS

前頁介紹的窯場附設咖啡館也販售著各式各樣的器物，
就讓我們在陶作家精心製作的益子燒陪伴下，度過美好的咖啡時光。

用來裝招牌咖啡的原創馬克杯

不論是尺寸、質感等各個細節都非常講究的半瓷馬克杯。讓人好想跟木製托盤組成一套。

▶ **CAFE / 01**

原創咖啡歐蕾杯

消光的質感，低彩度的自然色，醞釀出讓人無法言喻的可愛。

▼ **CAFE / 01**

糖罐

越用越有味道的糖罐是竹田道生的作品，簡單卻有種讓人懷念的氛圍。

◀ **CAFE / 01**

栗谷昌克的馬克杯

栗谷昌克所做的杯子，在「益古時計」用來盛裝招牌咖啡，與木製托盤一同送上桌，不過成套的咖啡盤也很令人印象深刻。

▲ **CAFE / 02**

義式濃縮用馬克杯

Starnet 前員工郡司慶子所做的馬克杯（非賣品），乾淨俐落與柔和溫潤兼備。

◀ **CAFE / 01**

共同製作的濃縮咖啡杯

陶作家上野利憲與益古時計及咖啡豆供應商珈琲舍雅共同開發製作，厚度、尺寸大小都很講究，完成度極高的逸品。

▲ CAFE / 02

咖啡館使用的牛奶壺

使用天然木燒成的灰釉，帶有古樸味的牛奶壺。用途不僅限於裝牛奶，拿來放辛香料或是插朵小花變身小花瓶也很不錯。

▲ CAFE / 03

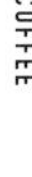

川崎萌的糖罐

在益子活動的年輕陶作家作品。糖罐蓋子上有個圓圓的小把手，有種說不出的可愛。

▶ CAFE / 02

中村かりん（Karin）拿鐵杯

曾在「益古時計」工作，後來獨立投入陶器製作的中村所做，有著溫柔藍色的杯子。最適合拿來裝滿滿牛奶的拿鐵。

◀ CAFE / 02

臨摹櫻花之姿

繪以櫻花的圖樣，帶有春天氣息的杯子。柔和的曲線，捧在手中的觸感讓人舒服得不想放手，十分討喜。

▶ CAFE / 03

COLUMN

春秋兩季全員出動的陶器市集很值得一看

每年在春天的黃金週及秋天的11月3日左右，益子會舉辦陶器市集，約50家店舖、500個攤位共襄盛舉，不論是傳統陶製品或是剛出道的新銳作家作品，各式各樣的日用陶器或是藝術品都會拿出來販售，也是難得可與陶作家直接對話的機會，可以趁此機會逛逛。

詳情請洽／
陶器實行委員會
（設於觀光協會下）
TEL／0285-70-1120

可多方使用的水杯

除了可用來裝冰咖啡之外，其他任何飲料也都很適合的白色水杯。握起來舒服的質感也大加分。有了它就很方便。

▲ CAFE / 03

淡淡的粉紅色惹人憐愛

杯身上畫了椿花的人氣商品，雖是有把手的基礎形狀，但強烈的手作感發揮了原創的精神。

▼ CAFE / 03

眾家職人聯手打破瓷器的常識！

長崎縣波佐見町是有四百年歷史的瓷器之鄉，也是日本數一數二的和食器產地，從「無印良品」白瓷食器系列、各百貨公司專櫃到餐廳使用的瓷器，大多來自於此。約有10％的產量是一般家用瓷器，是生活之中常見、薄而優美的白瓷。

相對於比鄰的佐賀縣有田町製作獻給皇家的高級品，波佐見以日用食器產地為榮，「藏碗」、「蘭瓶」等史上有名的瓷器亦是出於此。（譯註：藏碗為江戶時代商人在船上吃飯用的碗，為避免打翻飯菜，特將高台加大加重，遂成特色。因便宜又耐用，受到庶民歡迎。「蘭瓶」則是江戶時代要將日本酒或醬油輸往荷蘭、葡萄牙所用的容器，穩重的瓶身是為了方便運輸、不易傾倒的設計）

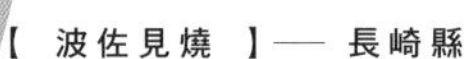

HASAMI

【波佐見燒】── 長崎縣

波佐見燒的特徵

波佐見位在長崎縣的中央，隸屬於東彼杵郡的一個小鎮。波佐見燒據說是在豐臣秀吉出兵朝鮮，抓了當地的陶工回來之後，大村善前在畑之原、古皿屋、山似田等三個地方築窯而開始的。建造了連房式階梯狀的登窯，從製模、製坯、繪圖、上釉、窯燒等各個作業，皆有專業分工的體制，而得以實現大量生產。因為與佐賀縣的有田町相鄰，過去波佐見的產品都因是以集貨運送的港口或車站為名，而被當作有田燒或伊萬里燒的產品，後來因為確立了優秀的技術與大量生產，才成為生產一般民用陶瓷器的知名產地。

波佐見燒顛覆了當時瓷器是高級品的認知，讓瓷器得以在庶民間普及。

波佐見燒近來又有新風潮，職人們試著合力打造一個統一的「波佐見」品牌。想看看企圖突破傳統卻又具波佐見燒特色的器物，及推動此想法的年輕創作者，就來趟波佐見之旅吧！

▸ BRAND / 01

越用越愛 質樸而鮮豔多彩的馬克杯

HASAMI

ハサミ

「因是在波佐見，所以我們想生產的不是器物，而是用具。」由「Maruhiro」的馬場先生一手打造，與傳統波佐見白瓷完全不同調的「HASAMI」，是與職人直接討論、製作的時尚獨立品牌，魅力十足。

上)色彩繽紛的BLOCKMAG。可層層堆疊的形狀，雖是相同造形卻不會有重複感。
下）2015年春天重新改裝的直營店。

DATA

Maruhiro

マルヒロ

地址／佐賀縣西松浦郡有田町戸矢乙775-7
TEL ／0955-42-2777
營業時間／10:00 ～ 17:00
定休／週三、每月第3個週六、日
http://www.hasamiyaki.jp/

BRAND / 02 ◂

海外也有人關注 「有點新穎」的波佐見燒

h +

エイチ・プラス

實現了以白瓷為底，適用於生活的簡單設計，卻又「有點不常見」的波佐見燒。遠赴海外參加展示會，活用職人技術，研發至今未曾有的波佐見燒。

工廠2樓的藝廊裡展示著豐富的品項。「h+」為4名時尚造形師、企劃人員共同參與的設計品牌，同一品牌跨足的品項十分多元。

DATA

堀江陶器

ほりえとうき

地址／長崎縣東彼杵郡波佐見町中尾鄉668
TEL ／0956-85-7316
營業時間／9:00 ～ 18:00
定休／週日、國定假日（週六視情況休） http://horie-tk.jp/

▸ BRAND / 03

波佐見少見的 全能窯

京千

きょうせん

京千的工房是鮮豔的赤紅，讓人無法忽視。能處理多項工程，在重分工的波佐見算是很少見。10名職人各有獨特的個性，各自創作出獨自的作品。

2樓的藝廊擺放著京千的各式器物，從陶器到瓷器一應俱全，彷彿是一望看盡波佐見燒的歷史。

DATA

陶瓷器工房 藝廊　京千

やきものこうぼう・ギャラリー 京千

地址／長崎縣東彼杵郡波佐見町小樽鄉550
TEL ／0956-85-6911
營業時間／10:00～18:00
定休／不定期
※ 須事先電話預約參觀
http://www.kyosen-nagasaki.jp/

閃耀著職人技術之光的波佐見燒精品

HASAMI COFFEE GOODS

前頁介紹的各窯廠原創商品推薦。
品質優良的波佐見燒是適合長期使用的日常精品！

POT NAVY

壺口細長，熱水緩緩倒出來沖泡咖啡時很好用。胖胖的壺身與粗粗笨笨的把手，反而惹人憐愛。

▲ **BRAND / 01**

BLOCKMUG BIG
BLUE

容量達300cc的大馬克杯。可重疊收納，即使體積大也不必煩惱沒地方收，實在太棒了！

▶ **BRAND / 01**

BLOCKMUG
RED

鮮豔的紅色為餐桌增添活潑的氣息。每件商品都有些許的不同，花點時間找尋自己最喜歡的那個吧！同樣可重疊收納。

◀ **BRAND / 01**

小器歐蕾碗

可以完全收納於掌中的小歐蕾碗。洗練的乳白色，整體給人柔和溫暖的感覺。

▲ **BRAND / 02**

Press Cup L MUKU Spoon

消光的質感與仿玻璃杯的大膽設計令人印象深刻，想要整套收集。

▲ **BRAND / 02**

COLUMN

波佐見
在春天亦舉辦陶瓷器市集

每年4月29日～5月5日，波佐見町陶瓷器公園一帶會舉辦陶瓷器市集，會有大型攤販，約130家窯廠、店家共同參與，吸引眾多遊客，好不熱鬧。波佐見燒多是家庭、餐廳用食器的日常陶瓷用品，市集期間也會有在器物上繪圖的體驗、轆轤使用示範、拍賣會、抽獎等眾多活動，不可錯過。

詳細資訊請見波佐見燒振興會：http://www.hasamiyaki.com

Lip 馬克杯 L
橄欖色

杯緣稍稍地向外翻，成為合嘴的形狀。既日式又西式的顏色更是一大魅力。另有白色款。

▸ **BRAND / 02**

Lip 馬克杯 S
盤子 S 奶油白

馬克杯與盤子擺在一起，就成了咖啡杯盤組。簡單而用途廣泛，十分便利好用。

◂ **BRAND / 02**

柴田和子 作
花團綿簇

淡雅的用色與各式花樣的組合，形成溫柔的構圖。柴田小姐也還有其他許多以花為圖案的器物。

▸ **BRAND / 03**

陽炎
手作馬克杯

讓人眼睛為之一亮的紅色杯身上印有商標的馬克杯。這個「南天紅」亦是有「改變困難」吉祥寓意的顏色。

▸ **BRAND / 03**

杯下俊範 作
椿花杯盤組

用手動轆轤製作的杯盤組。斷斷續續的線條及手工上色造成不均勻的微妙色澤，反而有獨特的味道。

▴ **BRAND / 03**

陽炎杯盤組

特殊顏料燒出來的赤紅與墨綠色杯盤組。手工上色的不一致，讓每個杯盤都有各自不同的表情，個性因應而生。

◂ **BRAND / 03**

A cup of special coffee

讓風味更添層次

咖啡的良伴

平常使用時不特別在意的水、砂糖、奶油，
其實也是大大影響咖啡風味的重要因素。
連同咖啡與甜點的搭配法、更上一層樓的簡單花式咖啡作法一併介紹。

1 WATER【水】

2 SUGAR【砂糖】

3 CREAM【奶油】

4 SWEETS【甜點】

5 ARRANGE【花式咖啡】

1 ＼ 認識因水而產生的風味差異

WATER

水

咖啡杯裡的咖啡液約有99％的成分為「水」，
我們該意識到水對咖啡的重要性。

「硬水」與「軟水」哪一種與咖啡最搭？

要沖出一杯美味的咖啡所要注重的，不只是選豆、烘焙、沖煮的方法，左右咖啡美味的祕密關鍵之一在於水。

水依硬度分為硬水與軟水。所謂的硬度指的是水中鈣與鎂的含量（礦物質含量）數據，含量低的為軟水，含量高的則為硬水。日本的自來水或是地下水幾乎都是軟水，而歐美則多是硬水。哪種水才適合沖煮咖啡無法一概而論，但是不能否認的，水中的礦物質含量確實會影響水的味道。

通常礦物含量過多或太少，皆會使水質的平衡變差；過多的鈣或鎂會妨礙咖啡的主要成分——咖啡因以及好的單寧的釋出。另一方面，咖啡的苦味在硬度較高的水中較易表現出來。因此，哪一種水適合拿來沖煮咖啡，就端視個人的味覺與喜好而決定了。

近年來因各種保特瓶裝的水也區分了「硬水」與「軟水」，使得這兩個詞也廣為人知。

Check!

好喝的水是有條件的

好喝的水得符合下列4項條件，「無色無味」、「適當的礦物質含量（30～200ppm）」、「適當的二氧化碳含量」、「水溫在10～15℃」。

軟水

日本的自來水、市場上主要的日產礦泉水，一般都是礦物質含量較低的軟水。因礦物成分少，不會影響咖啡成分的釋出。測試的結果也證實沖出來的口感最圓潤。

試著以「軟水」、「中硬水」、「硬水」來沖泡咖啡，風味確實有顯著的不同。

水源地直接採水包裝 日本有數的軟水

在日本各處的水源地（山梨、富山、鳥取等）汲取由大自然孕育的天然水，並在當場直接裝瓶的軟水。

WATER DATA

森林之水（森の水だより）

鈉：0.16 mg
鈣：0.89 mg
鎂：0.3 mg
鉀：0.10 mg
硬度：34.6 mg /ℓ
pH：7.1
（每100㎖）

多方嘗試
找到最適合自己口味
的水吧！

咖啡與水的 合適度大研究

以「軟水」、「中硬水」、「硬水」來沖泡的咖啡味道真的會不一樣嗎？為了檢證這項假設，我們實際做了實驗。軟水確實可以引出咖啡豆原有的香氣與風味，口感溫和。另一方面，硬水會突顯苦味而形成刺激的味道。因此即使是同樣的咖啡豆，也得依個人的喜好來選擇用水。日本的自來水在全世界已是很高水準，但水中所含的次氯酸鈣味會吃掉咖啡的香氣，因此還是經過濾水器過濾後再充分煮沸使用較佳。

使用的咖啡豆

有機栽培瓜地馬拉

這次的實驗用的是有明顯酸味與濃厚香醇感、均衡度絕佳的瓜地馬拉。香氣十足，非常適合拿來測試與水的搭配關係。

硬水（超硬水）

歐洲等地進口的礦泉水幾乎都是硬水，含有較多容易與咖啡成分起反應的礦物質，沖出來的咖啡苦味強烈，對於想要熬夜工作、趕走睡意等需要刺激的人來說，應是最適合的。

硬度達1,468 mg/L 硬水的代表

法國產的天然礦泉水，在世上成千上萬的礦泉水中名列前矛的高硬度硬水代表。

WATER DATA

礦翠（Contrex）

鈉：0.94 mg
鈣：46.8 mg
鎂：7.45 mg
鉀：0.28 mg
硬度：1468 mg /ℓ
pH：7.4
（每100mℓ）

中硬水

適度的礦物質含量，介於軟水與硬水之間。測試的結果是較不似軟水那樣圓潤，酸味與苦味的表現剛好，也稍有刺激感，整體達到一個很好的均衡度。

世界知名 中硬水代表

取自蒙布朗山麓、依傍著日內瓦湖（又稱雷夢湖，Lac Leman）的小鎮依雲（Evian），天然泉源「卡沙之泉」（Cachat）的中硬水，含有絕佳均衡的鈣與鎂。

WATER DATA

依雲（evian）

鈉：0.7 mg
鈣：8.0 mg
鎂：2.6 mg
鉀：0 mg
硬度：304 mg /ℓ
pH：7.2
（每100mℓ）

北海道生產 日本的中硬水

幾乎是在札幌與函館正中間，和緩丘陵地的黑松內，是山毛櫸生長的北界。這瓶水彩之森是直接將湧泉包裝，乃日本少數的中硬水。

WATER DATA

北海道 水彩之森

鈉：1.78 mg
鈣：2.72 mg
鎂：0.94 mg
鉀：0.49 mg
硬度：105 mg /ℓ
pH：7.9
（每100mℓ）

示範者

五十嵐 熏枝

專業宅配無毒、有機栽培咖啡豆專賣店「生豆屋」（→P060）店主。自有機JAS法施行之前就已開始販售無毒、有機栽培咖啡豆。

2 ╲ 糖的種類與特徵

SUGAR

砂糖

我們毫不注意地加入咖啡的砂糖，其實也是種類豐富且各具特性，
首先舉出5種代表的種類來認識吧！

攝影：加藤史人

認識砂糖的二三事
咖啡的世界
也跟著更為開闊

醇厚而溫潤的風味

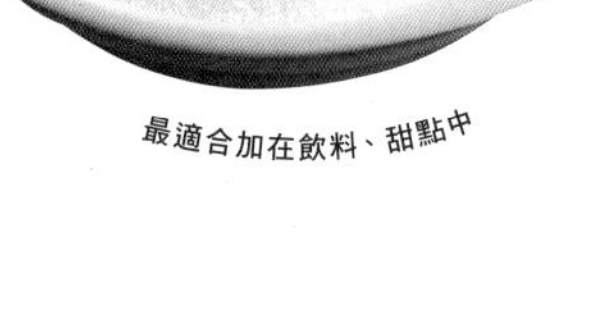

最適合加在飲料、甜點中

萬能百搭，與誰都很合

三溫糖

「三溫」這個名字的由來是精製的過程中，再三地使糖蜜結晶再溶化之故，帶有焦糖的風味是其特徵。

SUGAR DATA

熱量	382kcal
水分	1.2g
蛋白質	微量
碳水化合物	98.7g
灰分	0.1 mg
鈉	7 mg
鉀	13 mg
鈣	6 mg
鎂	2 mg
★ 蔗糖純度	96.4

白砂糖

世界上最普遍使用的砂糖。細緻而易溶於水，最常用來加進咖啡調味。

SUGAR DATA

熱量	387kcal
水分	微量
蛋白質	0g
碳水化合物	100g
灰分	0 mg
鈉	微量
鉀	微量
鈣	微量
鎂	0 mg
★ 蔗糖純度	99.9

上白糖

日本最普遍的砂糖。比起白砂糖，甜度更明顯而醇厚。僅有日本將上白糖用於日常。

SUGAR DATA

熱量	384kcal
水分	0.8g
蛋白質	0g
碳水化合物	99.2g
灰分	0 mg
鈉	1 mg
鉀	2 mg
鈣	1 mg
鎂	微量
★ 蔗糖純度	97.8

※此表是依「五訂增補日本食品標準成分表」製作，每100g的含量。

依原料粗分為2類

砂糖的起源始於西元前數百年，有一說是亞歷山大大帝遠征印度時，士兵採了印度河邊野生的甘蔗，吸取其汁解渴，因此印度被認為是砂糖的原產地。

砂糖從原料來看可分為兩類，一是甘蔗糖，一是甜菜糖，只是經過精製提煉，去除其他物質之後，就同樣都是砂糖。之後依製法分類，可再細分成許多不同產品，了解各種砂糖的特性，便可深入享受不同的味道。

Check!

在咖啡裡加紅砂糖※

「竹內商店」是在東京日本橋經營了60年以上的砂糖中盤商，現在的主力商品為紅砂糖。紅砂糖是含有糖蜜與礦物質的糖液濃縮結晶的一種含蜜糖。一般咖啡多用沒有雜味、不會影響咖啡風味的白砂糖，但若是味道較醇厚的咖啡或義式濃縮咖啡，就適合使用這種紅砂糖，可以讓味道更加豐富多層次。

※譯註：相當於台糖的高級紅糖。

竹內商店的紅砂糖系列可以在網路上購得。
http://www.marukichi-sugar.com

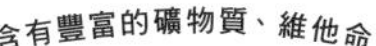

高純度而大顆的結晶

黑糖

甘蔗榨汁後熬煮濃縮結晶而成的砂糖，「含蜜糖」的一種。因製法而保留了其他許多物質，蔗糖純度雖僅約85%，卻也因而具有獨特的風味。

SUGAR DATA

熱量	354kcal
水分	5.0g
蛋白質	1.7g
碳水化合物	89.7g
灰分	3.6mg
鈉	27mg
鉀	1100mg
鈣	240mg
鎂	31mg
★ 蔗糖純度	80

紅冰糖

又分為無色透明的白冰糖與茶褐色的紅冰糖。幾乎達100%的高蔗糖純度為其特徵，做菜時加一點，可增加光澤度與甘醇的口感。

SUGAR DATA

熱量	378kcal
水分	微量
蛋白質	0g
碳水化合物	100g
灰分	0mg
鈉	2mg
鉀	1mg
鈣	微量
鎂	微量
★ 蔗糖純度	99.9

3 、可以與咖啡搭配的是哪種奶油呢?

CREAM

奶油

以鮮奶油加進咖啡裡，可以嘗到與牛奶完全不同的香醇口感，
是咖啡的好搭檔。

中澤食品公司
鮮奶油
演化史

紅白底色上畫了隻乳牛。日本飲食西化時代的包裝。

已接近今日的包裝設計，但相較之下還是非常簡單。

今日的中澤鮮奶油45%。包裝上的插圖使人聯想到整片開闊的牧場。

日本剛開始生產鮮奶油時，是裝在玻璃瓶內，風情十足。經過幾次的演變，而成為今天所見的模樣。

日製鮮奶油的始祖
中澤食品公司

日本第一次生產鮮奶油時間是在大正時代，地點為東京的新橋，生產者為創業一百四十年的中澤食品公司。當時中澤在新橋經營牧場，鮮奶油便是約在據今八十年前誕生於該牧場。

因為發明了新機器，使得中澤實現了日本第一次的鮮奶油生產。在此之前，都只能生產靜置生乳、等待形成18%乳脂肪的奶油。中澤的鮮奶油在當時可說是劃時代的產品，對於日後西點的普及也有很大的幫助。

瞭解了對日本飲食文化發展有貢獻的鮮奶油背後的歷史後，嘗著鮮奶油時是否有不一樣的感覺呢？

專業人士也愛用的咖啡專用奶油

Pantry Cream

與最高級的鮮奶油同等的咖啡、紅茶用鮮奶油。是在家也能享受純乳脂肪的豐富風味的家庭用小包裝。

CREAM DATA

乳脂肪含量　30.0%
無脂固形物含量　6.0%（參考值）
植物性脂肪含量　0%

Café Petit Nuage

純乳脂肪才有的濃醇香，加在咖啡中可使得風味更加圓潤，香氣與醇厚的口感更加明顯。也常拿來加在冰咖啡或是紅茶裡。（業務用）

CREAM DATA

乳脂肪含量　18.0%
無脂固形物含量　4.0%
植物性脂肪含量　0%

Coffee Nice

大幅減少乳脂肪，以植物性脂肪調和，總脂肪含量僅30%的咖啡專用奶油。帶有植物性脂肪特有的風味。（業務用）

CREAM DATA

乳脂肪含量　2.0%
無脂固形物含量　5.0%
植物性脂肪含量　28.0%

咖啡奶油的特徵

種類別或名稱（包裝上的標示）	原料	添加物	特徵	
			價格	風味
鮮奶油（乳製品）	乳脂肪	無	稍高	◎
以乳品為主要原料的食品	乳脂肪	乳化劑、安定劑	稍高	◎
	植物性脂肪＋乳脂肪	乳化劑、安定劑	普通	○
	植物性脂肪	乳化劑、安定劑	低	△

4 襯托咖啡美味的甜點這樣選

SWEETS

甜點

可以讓咖啡加倍美味的搭檔是誰？
來看看相互映襯的咖啡 & 甜點吧！

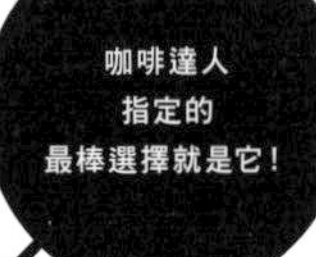

楓糖生乳捲

×

衣索比亞（耶加雪菲）

楓糖與蜜桃兩者風味相乘形成更豐富的香氣

多了楓糖風味的生乳捲，與帶有蜜桃般甜美甘味的衣索比亞耶加雪菲的組合，讓兩者的個性更加顯著，形成了具有層次深度的味覺享受。

烘焙度？
城市烘焙（中深度烘焙）
搭配的原則？
依個性選擇 → P162

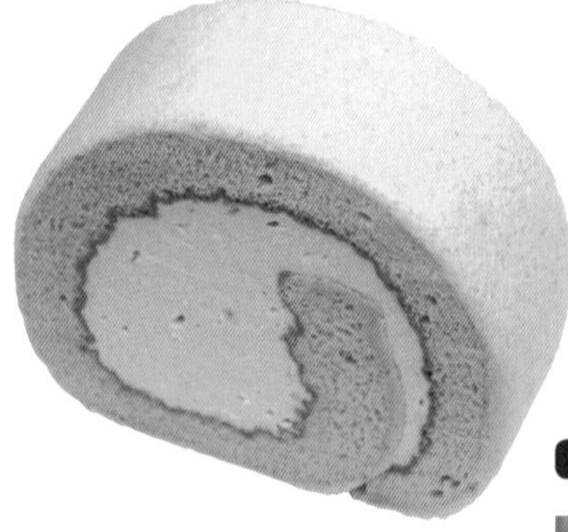

草莓波士頓派

×

瓜地馬拉（聖塔卡塔麗娜莊園）

多種口感堆疊的蛋糕適合搭配醇厚而有酸度的瓜地馬拉

以蛋白打發的輕柔蛋糕體，加上鮮奶油、卡士達奶油的甜度與草莓的酸味所組成的草莓波士頓派，得由極具包容力的聖塔卡塔麗娜莊園（Santa Catalina）瓜地馬拉咖啡來相襯。

烘焙度？
法式烘焙（深度烘焙）
搭配的原則？
依個性選擇 → P162

示範者

堀口俊英

「堀口珈琲」董事長。日本精品咖啡協會理事。追求咖啡美味的同時，也積極投入同業間的研討活動。

讓質感相近的兩者結合吧！

「咖啡要搭配合適的甜點是有原則可循的。」堀口珈琲老闆堀口俊英說。一種搭配法是讓與咖啡基礎的原味，搭配有同樣質感味道的蛋糕，另一種搭配則是以咖啡豆的烘焙度來選擇蛋糕。

不論是咖啡或甜點，都要先理解它們的香氣、後味、口感等各種性格，特別是精品咖啡的個性十分明顯，要選擇搭配比較容易。烘焙度會影響苦味與酸味的表現，也是要考慮的重點。就讓我們先來看看堀口珈琲所做的蛋糕×咖啡的最佳選擇吧！

DATA

堀口珈琲　世田谷店

ほりぐちコーヒー　せたがやてん

地址／東京都世田谷區船橋1-12-15
TEL／03-5477-4142
營業時間／11:00～19:00
定休／每月第3個週三
※ 另有狛江店、上原店
http://www.kohikobo.co.jp

巧克力蛋糕

×

印尼（曼特寧）

曼特寧複雜的香氣為巧克力增添深度

使用了味道濃純又帶有香草香氣的「Amer Or」的特濃巧克力蛋糕，與如絲稠般滑順的曼特寧最搭。配著拿鐵一起入口也非常迷人。

烘焙度？
法式烘焙（深度烘焙）
搭配的原則？
依烘焙度選擇 → P163

焦糖乳酪蛋糕

×

坦尚尼亞（黑晶莊園）

焦糖風味的濃厚組合

使用奶味濃厚的起司與自製的焦糖重乳酪蛋糕，適合搭配法式烘焙的咖啡。有如焦糖般濃醇後味的坦尚尼亞黑晶莊園（Blackburn Estate）的咖啡是最佳拍檔。

烘焙度？
法式烘焙（深度烘焙）
搭配的原則？
依後味選擇

從2個視點來看搭配度

首先是依照咖啡豆的特性來選擇甜點。想喝的咖啡最基本的味道是巧克力系的還是水果系的呢？味道屬於同一系統的兩方搭配起來比較容易產生相乘的效果。

然後，咖啡豆不同的烘焙度，也會顯現出不同的口感。若是苦味或醇厚度較明顯的，則與味道濃郁的甜點較搭。同樣是乳酪蛋糕，也有重乳酪與輕乳酪之分，味道濃淡不同，在咖啡豆的烘焙度上也跟著調整搭配吧！

水果系　or　巧克力系

1

依咖啡豆的特性選擇

咖啡的風味若是偏巧克力系的，就選擇巧克力口味的蛋糕，若是帶有莓果、熱帶水果等水果系的風味，則與水果蛋糕較合。首先就以風味相似的系統來選擇吧！

堀口先生的選擇！比方說，可以這樣搭配

印尼・曼特寧

熱帶水果的酸甜及香草的複雜風味，就與大黃塔、芒果布丁一起享用吧！

×

芒果布丁、
大黃塔（Rhubarb）

肯亞・恩布

肯亞咖啡除了莓果系香味之外，還有蘋果般的酸味與花香等清爽的味道，因此與水果塔，特別是翻轉蘋果塔很合。

×

翻轉蘋果塔

北坦尚尼亞

北坦尚尼亞的咖啡豆嘗起來是強烈的柑橘調酸味，口感醇厚，因此與各式蛋糕都很合得來。

×

起司蛋糕、
洋梨夏洛特蛋糕
（Charlotte Poire）

瓜地馬拉・安堤瓜

安堤瓜產的咖啡特徵是紮實醇厚的口感，也有柑橘的酸味，因此不論是搭配水果或是巧克力口味的甜點都很不錯。

×

法式檸檬塔（Tarte au Citron）

手沖方法
也多下點工夫

手沖咖啡會因為一點點變數就影響了咖啡的味道，為了搭配蛋糕，在選用器具時也可以跟著調整。比方說使用濾紙沖泡法，濾紙會吸取咖啡的油脂，所以口感上會較缺醇厚度，如果想要有厚實的口感，那就使用有助於溶出咖啡油脂的法蘭絨布網。

2

依烘焙度來選擇

第2項基本的搭配原則是依咖啡豆不同的烘焙度來選擇蛋糕。即使是同一支咖啡，不同的烘焙度，味道也會不一樣，烘焙度較淺的口感清爽、酸味強，烘焙度較深的則是越深苦味越明顯，依咖啡的濃淡來選擇蛋糕也是不失敗的訣竅。

堀口先生的選擇！比方說，可以這樣搭配

酸味強

微中烘焙（中度烘焙）

帶有像是多種水果組合酸味的哥倫比亞、輕盈明亮酸味的東帝汶。

×

味道輕盈的甜點

輕乳酪蛋糕、戚風蛋糕、蘋果蛋糕、法式千層派等較輕盈的蛋糕類。

城市烘焙（中深度烘焙）

酸味與醇厚度達到平衡的口感，瓜地馬拉、哥斯大黎加等嘗來有厚實感的咖啡最適合。

×

口味紮實的甜點

巧克力蛋糕、蒙布朗、水果蛋糕、莓果芭芭露(Bavarois)、馬卡龍、洋梨塔等。

法式烘焙（深度烘焙）

苦味突出而醇厚的口感，肯亞、坦尚比亞等有濃縮感的咖啡是為代表。

×

味道濃厚的甜點

草莓蛋糕、歐貝拉(Opera cake)、紐約重乳酪蛋糕、烤布蕾、檸檬塔等口味較濃厚的蛋糕。

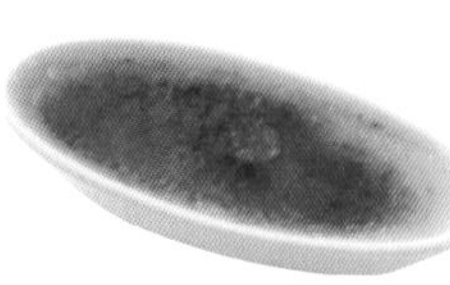

5

、稍微加點料，完美變身！

ARRANGE

花式咖啡

加點利口酒、香料、水果或是堅果等，
又快又輕鬆地就能做出花式咖啡的小技巧！

平常喝的咖啡
加點料
就完成！

多等一下，待棉花糖要開始融化了就是最好喝的時候。不再加糖，品嘗棉花糖簡單的甜味吧！

棉花糖咖啡

MARSHMALLOW COFFEE

〔 材料 〕

咖啡 …………………… 120cc
棉花糖 ……………… 數顆

〔 作法 〕

1 以深烘焙的咖啡豆沖一杯咖啡。
2 在咖啡上放上幾顆棉花糖即完成。

乍看之下以為是檸檬紅茶，紅石榴糖漿的石榴味與檸檬片勾出勒一片清爽的口味。

檸檬咖啡

CAFE DE CITRON

〔 材料 〕

咖啡 …………………… 120cc
紅石榴糖漿 ………… 15cc
檸檬片 ……………… 1枚

〔 作法 〕

1 沖一杯美式咖啡。
2 加進紅石榴糖漿（grenadine siroop），將檸檬切片擺進咖啡裡即完成。

咖啡與白蘭地的組合即知名的「皇家咖啡」，再多加蘋果的元素，便是奢侈的水果咖啡。

蘋果白蘭地咖啡

CAFE DE POMME

〔 材料 〕

咖啡 …………………… 120cc
白蘭地 ……………… 5cc
蘋果汁 ……………… 少許
蘋果片 ……………… 數枚

〔 作法 〕

1 沖一杯美式咖啡。
2 加進白蘭地與蘋果汁。
3 將蘋果片擺進咖啡裡即完成。

以生產柑橘聞名的西班牙瓦倫西亞為名的花式咖啡。

瓦倫西亞咖啡

CAFE VALENCIA

〔 材料 〕

咖啡、牛奶 ………… 各60cc
白色蘭姆酒 ………… 少許
柑橘酒 ……………… 20cc
肉桂粉 ……………… 少許

〔 作法 〕

1 將溫熱的牛奶加進煮得較濃的咖啡裡。
2 加進已泡過糖漬檸檬皮的柑橘酒。
3 撒上肉桂粉即完成。

最適合在冷天氣裡來一杯。含有豐富維他命C的橘子皮與有暖身效果的肉桂，對預防感冒很有效。

橘皮咖啡

CAFE MANDARINA

〔 材料 〕

咖啡 …………………… 120cc
橘子皮 ……………… 少許
肉桂棒 ……………… 1本
鮮奶油 ……………… 30g

〔 作法 〕

1 將咖啡、橘子皮，以及肉桂棒，全都放進牛奶鍋裡煮。
2 煮開了之後倒進杯子，擠上鮮奶油即完成。

先直接喝一口，接著再將開始融化的鮮奶油一起喝，最後整個攪過一遍，嘗嘗核桃的風味，享受多重的口味變化。

核桃咖啡

CAFE WALNUT

〔 材料 〕

咖啡、牛奶 ………… 各60cc
雪莉酒 ……………… 10cc
鮮奶油 ……………… 30g
核桃 ………………… 少許

〔 作法 〕

1 將溫熱的牛奶加進咖啡裡，倒入雪莉酒。
2 擠上鮮奶油、撒上核桃即完成。

添加杏仁酒與白色蘭姆酒（White Rum）的咖啡雞尾酒。咖啡、蘭姆、杏仁的香氣一波波的衝擊，十分獨特的味覺享受！

杏仁咖啡

COFFEE AMARETTO

〔 材料 〕

咖啡 …………………… 120cc
白色蘭姆酒 ………… 10cc
杏仁酒 ……………… 10cc
杏仁碎片 …………… 少許

〔 作法 〕

1 將蘭姆酒、杏仁酒加進咖啡裡混合。
2 撒上杏仁碎片即完成。

依喜好的方式來選擇

COFFEE GOODS CATALOGUE

咖啡器具目錄

沖煮咖啡所必要的器具，選用設計良好、機能性佳而可以長期愛用的，
依研磨、沖煮、口味、喜好等各種方法組合
來享受咖啡帶來的樂趣！

商品相關細節請洽詢各廠商

A iwaki客服中心
TEL／03-5627-3870
http://www.igc.co.jp/

B Kalita
TEL／045-440-6444
http://www.kalita.co.jp/

C COFFEE SYPHON（珈琲サイフォン）
TEL／03-3946-5481
http://www.coffee-syphon.co.jp/

D 象印
TEL／0120-345135
http://www.zojirushi.co.jp/

E 大作商事
TEL／03-3539-4000
http://www.handpresso.asia/

F deviceSTYLE
TEL／0570-067788
http://devicestyle.co.jp/

G DēLonghi（台灣）
TEL／0800 - 718 - 888
http://www.freshgreen.com.tw/

H NESPRESSO（台灣）
TEL／0809-001-886
http://www.nespresso.com

I Nestlé（台灣雀巢）
TEL／0800-000-338
http://www.nestle.com.tw/

J 野田琺瑯
TEL／03-3640-5511
http://www.nodahoro.com/

K Panasonic
TEL／0120-878-365
http://panasonic.jp/coffee/

L HARIO（台灣）
TEL／02-2546-5889
http://www.hario.com/

M Farmer's Table
TEL／03-6452-2330
http://www.farmerstable.com/

N FUJII（藤井商店）
TEL／0120-224-277
http://www.fcl.co.jp/

O bodum（台灣）
TEL／0800-251-209
https://www.hengstyle.com/brand.php?id=9

P Melitta（台灣）
TEL／02-27837689
http://www.melitta-taiwan.com.tw/

※部分聯絡資訊為台灣代理商，未有台灣代理部分則列示日本代理或原廠資訊。

要選擇怎樣的器具呢？

STEP 1　磨豆

磨豆機

買回來的豆子得磨成粉才能沖泡萃取咖啡，此時得要有台磨豆機，又分手動與電動的，依個人喜好選擇即可。

STEP 2　沖煮咖啡

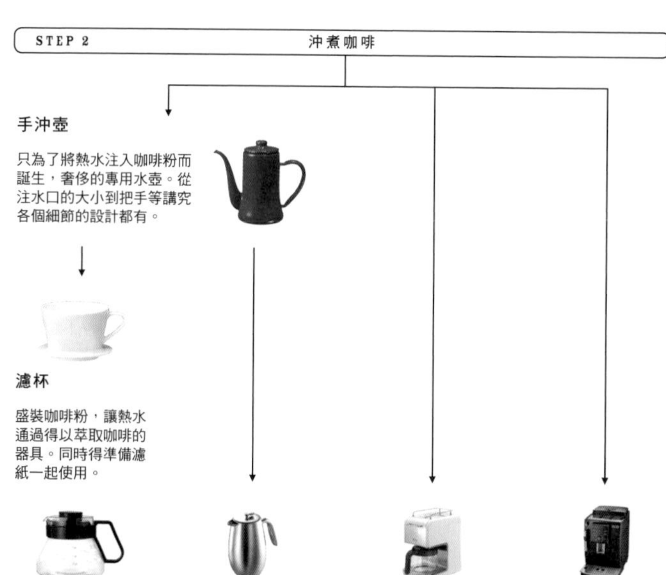

手沖壺

只為了將熱水注入咖啡粉而誕生，奢侈的專用水壺。從注水口的大小到把手等講究各個細節的設計都有。

濾杯

盛裝咖啡粉，讓熱水通過得以萃取咖啡的器具。同時得準備濾紙一起使用。

咖啡壺

盛接經過濾杯滴落的咖啡之容器。依咖啡量、濾杯大小選擇合適的容量。

法式濾壓壺

法式咖啡萃取器具，適合用來沖泡咖啡歐蕾等，想要來杯濃烈咖啡時使用。

全自動咖啡機

只要按下一個按鈕就能煮出美味的咖啡。容易清理也是受人喜愛的原因。

義式濃縮咖啡機

將深烘焙的咖啡豆磨得極細，再以高溫蒸氣萃取。現在連家用版的也是高機能。

STEP 3　品味咖啡

香氣成分，毫不浪費

可以用較少的金錢就組成一套完整的器材，即使是剛入門的人也能沖泡出好喝的咖啡。訣竅就在於讓熱水慢慢地滴落。

強烈夠勁的口味

因熱水與咖啡粉不經過濾網，長時間直接接觸，使得咖啡豆的特性也能夠完整表現出來，形成強勁的口味。

輕鬆享受

一次要喝很大量咖啡，或有很多人要喝時，十分好用。最近的全自動咖啡機甚至已經進化到有搭載烘豆、磨豆功能等劃時代機種。

苦味明顯的口感

義式濃縮咖啡凝縮豆子味道與香氣的強勁苦味，加上奶泡就成了卡布奇諾。

HARIO

—

Ceramic Coffee Mill Skerton

MSCS-2B

可以整個拿到水龍頭下拆洗，能常保清潔。磨豆器下方的容器蓋上蓋子就成了收納罐，磨豆器本身也能架在蓋子上方，節省收納空間。／L

SPEC

使用方式：手動・陶瓷磨盤
粗細度調整：上部研磨調整螺母
上部容量：3 茶匙 / 一人份 ×2～3 杯
下部容量：100g
總體重量：約0.46 kg

你是手動派還是電動派？

MILL

磨豆機

一杯美味的咖啡就從磨豆開始。選擇磨豆機，建議以一次不需磨很大量、能調節粗細度的較優。至於手動或是電動，就看個人習慣了。

HARIO

—

Coffee Mill・Standard

MCS-1

使用陶瓷磨盤，可防止金屬味，經典的手搖磨豆機。木製握把服貼好握，磨豆時帶來舒服的手感。／L

SPEC

使用方式：手動・陶瓷磨盤
粗細度調整：上部研磨調整螺母
上部容量：3 茶匙 / 一人份 ×2～3 杯
下部抽屜容量：約10g
總體重量：約0.55 kg

deviceSTYLE

—

Brunopasso Coffee Grinder

GA-1X-BR

採用圓錐形刀片設計，設有低速模式，降低磨刀迴轉速度，抑制熱能產生，而不影響咖啡豆的風味。／F

SPEC

使用方式：電動・圓錐形磨刀
粗細度調整：無段式調整刀盤
上部容量：140g
總體重量：1.3kg

CHECK

磨完豆子後，別忘了隨手清理

為了下次使用時著想，每次磨完豆子別忘了用刷子等將磨刀、上部容器、下部抽屜中殘留的豆子或咖啡粉清理乾淨。若是放著不管，氧化的咖啡粉將會混到下回新鮮的粉裡，便會破壞珍貴的新鮮咖啡風味。木製的磨豆機請置於通風良好之處。

Melitta

—

Coffee Mill Classic MJ-0503

為追求最高美味，可依沖泡器具調整研磨粗細度。濾紙手沖或虹吸式用細研磨，美式咖啡機則以中度研磨最適合。／Ⓟ

SPEC

使用方式：手動
粗細度調整：上部研磨調整螺母
上部容量：35g
下部容量：30g
總體重量：555kg

Bodum

—

BISTRO Coffee Grinder

一鍵式開關，迅速簡單磨好豆子，玻璃製的容器可抑制靜電的產生，讓豆子不易飛散。／Ⓞ

SPEC

使用方式：電動・圓錐形磨刀
粗細度調整：無段式調整刀盤
上部容量：約220g
下部容量：約100g
總體重量：1.4kg

Kalita

—

Original Mill 42001

生產多種手動式磨豆機的 Kalita 所推出的最基本款原創品。高質感卻價格實惠，令人心喜。／Ⓑ

SPEC

使用方式：手動・硬質鑄鐵磨盤
粗細度調整：上部研磨調整螺母
上部容量：約50g
下部抽屜容量：約70g
總體重量：約1kg

不同形狀左右了風味的形成

DRIPPER

濾杯

濾杯是盛裝咖啡粉，讓熱水通過萃取出咖啡液的器材，有陶瓷、玻璃、塑膠等各種材質製成，尺寸大小亦有別。雖不必特別照護，但記得要常保清潔。

COFFEE SYPHON
—
名門 2 人用濾杯
MDN-21

1973 年登場的專業濾杯「名門系列」，獨家 KONO 式圓錐造形，將咖啡豆的美味毫無保留地萃取出來。／ Ⓒ

SPEC

材質：壓克力樹脂
萃取量：2 人用

Kalita
—
Glass Dripper 155 05045

說到 Kalita，一般都會想到其經典的三孔濾杯，但這款是更加進化的「Wave Series」，搭配專用的波浪形濾紙（譯註：中文另稱作蛋糕形濾紙），可以更表現出咖啡原味。／ Ⓑ

SPEC

材質：耐熱玻璃
萃取量：1 ～ 2 杯

Melitta
—
陶器濾杯 SF-T 1×1

擁有樸素陶器才有的溫潤質感。底面是單一的小出水孔，讓熱水長時間停留在濾杯中是 Melitta 的特徵。／ Ⓟ

SPEC

材質：陶器
萃取量：1 ～ 2 杯

HARIO
—
V60 磁石濾杯
01 陶瓷 VDC-01R

採用凸起弧線設計的圓錐形濾杯，雖是使用方便的濾紙，卻能萃取出接近正統法蘭絨布網般的咖啡風味。／ Ⓛ

SPEC

材質：瓷器
萃取量：1 ～ 2 杯

Chemex

—

Coffeemaker（3杯用）

Vintage type

再現1940年代，被MoMA收入永久收藏品風華的經典復古款。厚實的玻璃是一大特徵，美麗的造形，很受重視設計的人青睞。／Ⓜ

SPEC

材質：玻璃
萃取量：1～3杯

HARIO

—

V60 DRIP IN

VDI-02B

與V60磁石濾杯同樣的圓錐形濾杯，咖啡壺為大容量的700mℓ，實用性佳，還可以放進微波爐加熱。／Ⓛ

SPEC

材質：PP聚丙烯、耐熱玻璃
萃取量：700mℓ

CHECK

形狀不同的濾杯展現出各家不同的講究之處

各家廠商推出的濾杯，各有其下工夫之處，如內側有溝槽（rib）、不同形狀的出水孔等等，濾紙最好依濾杯造形的特性而選擇其專用品。

不論用濾紙還是濾網，手沖咖啡不可或缺的伙伴

DRIP POT

手沖壺

各家競相在壺嘴、手把造形上展現個性的手沖壺，有細長出水口可以緩緩斟倒熱水，最適合用來沖泡咖啡。挑選重點為水流掌控容易度。

Kalita

—

細嘴 Coffee Kattle
2ℓ 52107

全系列共有 4 款顏色的繽紛琺瑯壺。除了沖煮咖啡外，充足的容量可以運用在各種用途上。亦可用於電磁爐。／Ⓑ

SPEC

材質：琺瑯
容量：2ℓ

HARIO

—

V60 **細嘴** Power Kettle Buono EVKB-80HSV

插電煮沸的不鏽鋼熱水壺。有適合手沖咖啡的細嘴，水一沸騰便會自動斷電。／Ⓛ

SPEC

材質：不鏽鋼
容量：800mℓ

野田琺瑯

—

Kirin Coffee Pot
11cm

專業人士愛用的老牌野田琺瑯手沖壺，機能美滿點的美麗造形魅力無法擋。容量除了有 1ℓ 的之外，還有 1.6ℓ，3 種顏色可供選擇。／Ⓙ

SPEC

材質：琺瑯
容量：1ℓ

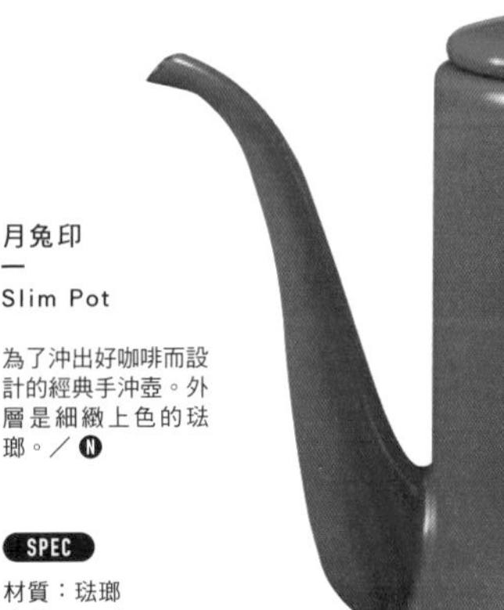

月兔印

—

Slim Pot

為了沖出好咖啡而設計的經典手沖壺。外層是細緻上色的琺瑯。／Ⓝ

SPEC

材質：琺瑯
容量：1.2ℓ

iwaki

—

Water Drip Coffee Server

能夠微波使用的咖啡壺，與可慢慢萃取咖啡的冷泡咖啡用濾杯之組合；亦可冰鎮的設計，拿來作冰咖啡也很合適。／Ⓐ

SPEC

材質：耐熱玻璃（咖啡壺）、AS 樹脂（濾杯）、聚苯乙烯（貯水杯）、聚丙烯（蓋子）
實用容量：440mℓ

COFFEE SYPHON

—

Glass Pot
2人用 MD-22

由大正時代創業至今的老牌 COFFEE SYPHON 所製的耐熱玻璃壺。順手好用與簡單的設計，是連專業人士都認可的優質產品。／Ⓒ

SPEC

材質：耐熱玻璃
容量：2人份

HARIO

—

One Cup
Café All

咖啡壺可當 1 杯份的馬克杯使用，與可收納進杯子裡的金屬濾網組成一套。沖完便能直接享用一杯香氣豐富的咖啡。／Ⓛ

SPEC

材質：耐熱玻璃、聚苯乙烯（貯水杯）、不鏽鋼（濾網）
容量：200mℓ

Melitta

—

Glass Pot Café Rina500
MJ-9301

有濾網，也適用於沖泡紅茶或綠茶用。除了500mℓ之外，也有800mℓ、1ℓ，共 3 種尺寸。握把長且大，好握又安心。／Ⓟ

SPEC

材質：耐熱玻璃
容量：500mℓ

與濾杯選用同品牌，組成一套吧！

SERVER

咖啡壺

咖啡壺每個看起來都一樣，但其實不只是容量、設計，連是否可微波、與濾杯接合度等等各有不同，選擇十分廣泛。

不需要濾紙，簡單萃取

FRENCH PRESS

法式濾壓壺

法式濾壓壺是在歐洲非常普及的濾壓式咖啡壺。將熱水直接注入咖啡粉，經過數分鐘的悶蒸之後，壓下濾網即可享受到咖啡最原本的風味。

HARIO
—
Café Press Slim S
CPSS-2-TB

適用於 1 ～ 2 人份的細長法式濾壓壺。濾網可拆卸，便於清洗。／Ⓛ

SPEC

實用容量：240㎖

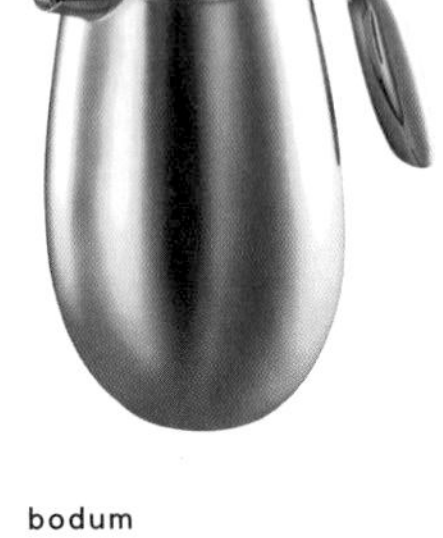

bodum
—
BODUM COLUMBIA
French Press Coffee Maker
Double Water
1.0L Stainless

雙重構造的不鏽鋼瓶身具有長時間保溫的功能，最適合在家或辦公室沖煮咖啡。另有 350 ㎖、500 ㎖， 共 3 種尺寸。／Ⓞ

SPEC

實用容量：1 ℓ

bodum
—
TRAVEL PRESS SET
濾壓真空隨行杯
（附蓋）

可隨身攜帶外出的法式濾壓壺。不僅是濾壓壺，沖泡好咖啡後，可直接換上蓋子當作隨行杯使用。亦有不鏽鋼瓶身款。／Ⓞ

SPEC

實用容量：350㎖

bodum
—
BRAZIL
French Press Coffee Maker

具有深闊好拿的把手等簡單設計的法式濾壓壺。有350㎖與1ℓ容量，4種顏色供選擇。／Ⓞ

SPEC

實用容量：350㎖

象印
—
Coffee Maker
珈琲通 EC-KT50

採用具有優異保溫性的雙層真空瓶（魔法瓶構造）之不鏽鋼咖啡壺。三段式調節桿可調整咖啡濃度。／ D

SPEC

尺寸：長240㎜×深165㎜×高315㎜
本體重量：2.4kg
最大水容量：675㎖
沖泡咖啡量：5杯

Panasonic
—
沸騰淨水咖啡機
NC-A56

磨豆、沖煮、保溫、自動洗淨等全自動功能一應俱全的優異機種，還能依喜好選擇4種沖煮方法。／ K

SPEC

尺寸：長220㎜×深245㎜×高345㎜
本體重量：2.9kg
最大水容量：670㎖
沖泡咖啡量：5杯

輕鬆享用現泡咖啡

COFFEE MAKER

全自動咖啡機

最新機種已進化到多功能、高性能，有的具保溫功能可抑制味道的變化，有的則是可製作花式咖啡。

Nestlé
—
NESCAFÉ Gold Blend
Barista TAMA

使用「NESCAFÉ Gold Blend」咖啡膠囊，只需按下按鈕的簡單操作，就能沖煮出拿鐵、卡布奇諾、義式濃縮等5種正統咖啡。／ I

SPEC

尺寸：長178㎜×深289㎜×高320㎜
本體重量：3.4kg
最大水容量：1ℓ
沖泡咖啡量：4～11杯（以標準量沖煮下）

DēLonghi
—
drip
kMix
Coffee Maker
CMB6-WH

2個加熱器分別負責沖煮與保溫，留住咖啡的美味。標準配備是環保又經濟的免濾紙濾網，除了白色之外，全系列共有8色可供選擇。／ G

SPEC

尺寸：長170㎜×深260㎜×高295㎜
本體重量：3kg
最大水容量：780㎖
沖泡咖啡量：6杯

RESSO MACHINE

義式濃縮咖啡機

隨著越來越多操作性強、易維護的機種上市，在家也能享用正統的義式濃縮咖啡。從高性能機種到隨身型都有，滿足各種需求亦是吸引玩家的魅力所在。

Nestlé
—
NESCAFÉ
DOLCE Gusto Drop

「Drop」以咖啡滴為發想的造形設計為最大特徵，搭載了輕輕一碰就能調整萃取量的觸碰面板，簡簡單單就能沖泡出一杯符合每個人口味的咖啡。／❶

SPEC

尺寸：長252㎜×深252㎜×高319㎜
本體重量：3.0kg
最大水容量：800㎖

大作商事
—
Handpresso
DHPHPHB1BK

不需要電力、火力，手動幫浦式的義式濃縮機，走到哪裡都可以輕鬆來一杯。體積雖小，但不論是咖啡粉或咖啡便利包皆可對應。／❺

SPEC

尺寸：
長220㎜×深100㎜×高70㎜
本體重量：0.5kg
最大水容量：50㎖

DēLonghi
—
Combi Coffee Maker
BCO410J-W

具有蒸氣噴嘴，一台機器結合了義式濃縮、卡布奇諾、濾泡式咖啡3種功能。亦可同時進行義式濃縮與美式咖啡的萃取。／❻

SPEC

尺寸：長370㎜×深295㎜×高320㎜
本體重量：5.0kg
最大水容量：1200㎖（義式濃縮用）
1350㎖（濾泡式咖啡用）

ESP

NESPRESSO
—
Pixie Clips
(White & Coral Red)
D60WR

面寬僅12cm的小巧體型，與約30秒完成萃取的高機能性兼備。色彩豐富的裝飾面板可依心情選擇替換。／H

SPEC

尺寸：長 120mm × 深 330mm × 高 235mm
本體重量：2.8kg
最大水容量：700mℓ

deviceSTYLE
—
Espresso Machine
TH-W020

採用義大利製15bar的氣壓幫浦，可以沖煮出可說是義式濃縮咖啡精華所在的細緻crema之專業級濃縮咖啡機。具有高壓蒸氣噴嘴，也可以製作卡布奇諾。／F

SPEC

尺寸：長 220mm × 深 315mm × 高 325mm
本體重量：3.8kg
最大水容量：1200mℓ

CHECK

廠商推薦的維修工具不可少

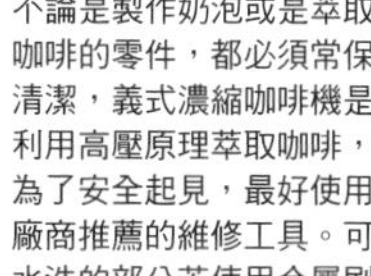

不論是製作奶泡或是萃取咖啡的零件，都必須常保清潔，義式濃縮咖啡機是利用高壓原理萃取咖啡，為了安全起見，最好使用廠商推薦的維修工具。可水洗的部分若使用金屬刷具清理，會造成零件的損傷或是壓力外漏的問題，要特別注意。

DēLonghi
—
全自動咖啡機
Espresso Machine
Magnifica S
ECAM23210B

從磨豆到萃取全自動咖啡機，只要操作數位控制面板，即可簡單調整咖啡量與濃淡，亦搭載擁有濾泡式咖啡的悶蒸機能。／G

SPEC

尺寸：長 238mm × 深 430mm × 高 350mm
本體重量：9.0kg
最大水容量：1800mℓ

忍不住
想要
對人說

COFFEE TRIVIA

咖啡知識筆記

與咖啡相關的有用雜學、小知識，
或是有切身感受的故事，
都是咖啡時光的最好話題。

TRIVIA
01
10月1日是世界咖啡日

國際咖啡組織訂定10月1日為世界咖啡日。因巴西咖啡採收到9月進入尾聲，10月起要進入新的年度，因而選定這一天。日本咖啡協會也自1983年起，將此日訂為新年度之始。

TRIVIA
02
咖啡師檢定是什麼？

日本咖啡公會舉辦的咖啡師檢定考，雖是針對專業人士的資格認定制度，但應考資格並無限制，一般人也可以參加檢定。首先由「咖啡師2級檢定」開始，往「1級」、「咖啡鑑定士」等，取得更高度而專業的知識邁進吧！詳情請洽／Japan Coffee Qualification Authority（全日本咖啡檢定委員　事務局） http://kentei.jcqa.org/

TRIVIA
03
咖啡樹喜歡在怎樣的環境生長？

咖啡樹是茜草科的常綠樹，喜歡在年均溫20℃以上，熱帶、亞熱帶的溫暖氣候、有穩定降雨量的地區生長。咖啡莊園多分布在海拔900～1500m的高原，隨著地區的不同，咖啡的風味亦各異。咖啡播種後40～60天開始發芽，但要到可收成得經過約5年的時間，是對寒冷、霜害、乾燥都很敏感的纖細樹種。

TRIVIA

06

世界各國的咖啡豆消費量排名為何？

歐盟、美國及生產大國巴西為前三名。歐盟境內自2014年起就沒有個別統計的數字，然而以2013年的資料來看，前幾名分別為德國的9378、法國5705、義大利5646、接著是西班牙的3501等。

第1名	歐盟	41,684	
第2名	美國	23,761	
第3名	巴西	21,000	
第4名	日本	7,494	
第5名	印尼	4,167	

（60kg /1袋 1000袋） ※ICO統計2015年7月／日本咖啡協會提供

TRIVIA

07

世界各國每人咖啡年均消費量排名為何？

從一個人的消費量來看，挪威、瑞士及生產大國巴西為前三名。依2013年為止的資料，歐盟境內的盧森堡拔得頭籌，寫下的冠軍紀錄竟是27.33kg（2013年），一人一年喝掉2700杯！原因據說是與周圍國家比起來，稅率較低，很多人自其他國家跨境來採買咖啡。順帶一提日本的每人年消費量為3.54kg，是排名在美國之後的第6名。

第1名	挪威	8.59	
第2名	瑞士	7.56	
第3名	巴西	6.02	
第4名	歐盟	4.90	
第5名	美國	4.42	

（kg /1人 / 年） ※ICO統計 2015年10月／日本咖啡協會提供

TRIVIA

04

最早喝到咖啡的日本人是誰？

日本最初的咖啡飲用體驗紀錄是在1804年，由江戶時代中期的狂歌師大田蜀山人在其所著的《瓊浦又綴》中提到：「在荷蘭人的船內，被招待了一種叫做咖啡的飲料，是將豆子炒得黑黑的，再磨成粉沖泡，加砂糖飲用的東西，具有一股燒焦味，很難入喉。」不過蜀山人是否為最早喝到咖啡的日本人，一般並未有定見，也有傳說是名遊女，因荷蘭商館的男子愛慕她，送了咖啡作為禮物。

TRIVIA

05

每個國家不同的花式咖啡

花式咖啡的個性十足，即使在發源地之外的國家也備受喜愛。比方說法國人愛喝的咖啡歐蕾（以深烘焙的咖啡豆沖煮出來的咖啡，加進等量的溫牛奶，裝在沒有把手、像個碗公的咖啡碗）、愛爾蘭的愛爾蘭咖啡（在沖煮得較濃的咖啡裡，隨意加進紅砂糖、愛爾蘭威士忌後攪拌，再擠上一球鮮奶油）、奧地利的馬車咖啡（Einspänner，是在深烘焙咖啡裡加入砂糖、鮮奶油，再撒上可可粉，雖然一般稱作「維也納咖啡」，然而在維也納當地並不以「Viennese coffee」稱之）、義大利的義式濃縮咖啡(義大利式的喝法是以濃縮咖啡杯盛裝，一口飲盡）等。

TRIVIA

08

挑戰杯測吧！

專業買家或是烘焙者，一年有數次會赴咖啡產地進行杯測，對於一般人來說，想要知道咖啡豆的好壞與自己的口味，也可以挑戰這項作業。一次試多種咖啡豆，可以比較出不同產地的特徵，有助於找出自己喜好的傾向。接著就請到國際杯測審查員藤野清久來示範專業的杯測方法，供大家參考。

〔 杯測的順序 〕

1

先聞乾香氣

現磨好一支咖啡豆，分別裝在5個玻璃杯，聞聞乾燥狀態下的香氣，品評咖啡粉的芳香成分。

↓

2

在玻璃杯中注入熱水

將水溫約93℃的熱水注滿每個玻璃杯。分5杯是為了取得平均值。

↓

3

等待約4分鐘

溫度開始下降，杯中的情況與剛注完熱水時不一樣，這也要一一確認。

↓

4

聞溼香氣

將臉靠近杯子，聞聞咖啡液散發出來的香氣。

5

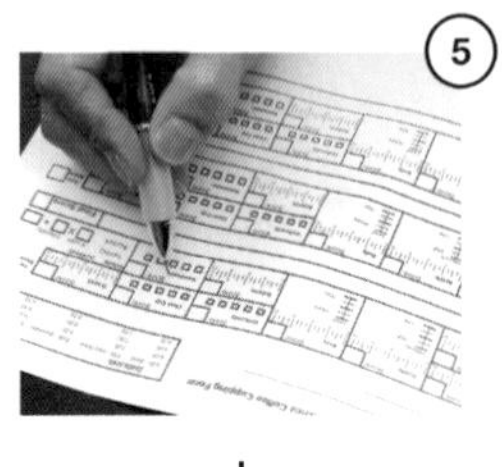

在評分表上打分數

於醇厚度（body）、乾溼香氣（flagrance／aroma）、酸味（acidity）、均衡度（balance）等各個項目裡評分，每項的滿分為10分。

↓

6

以杯測匙攪拌（破渣）

以杯測匙推開浮在表面的咖啡粉再攪動3～4回，攪動時也順便聞聞悶在裡面的咖啡香。

↓

7

品嘗其風味與香氣

撈除浮渣，以杯測匙撈起咖啡液，啜取咖啡液，使其在口中呈霧狀擴散，品評口中的香氣與風味。

↓

8

在評分表上打分數

於評分表上為口中的香氣與風味評分，最後將每一項的分數加總，決定總分。

TRIVIA **09**

街頭巷尾傳說的咖啡師資格(coffee meister)是什麼？

完成日本精品咖啡協會主辦的「咖啡師養成講座」，並通過考試，即可被認定為咖啡師。目的在於成為專業的咖啡人，在取得深入的咖啡知識與基本技術的基礎下，為消費者提供更美好而豐富的咖啡生活。
http://scaj.org/

TRIVIA **10**

什麼是咖啡因？

包含氮等天然有機化合物，也是形成咖啡苦味的重要成分之一，可可、茶葉之中也含有這項元素，具有興奮、提神、利尿、刺激胃酸分泌等作用，也被用於藥品之中。具有成癮性，然而只要攝取的咖啡量在一般常識可接受的程度，並不會有這樣的問題。

TRIVIA **11**

一杯咖啡所含的咖啡因有多少？

依沖煮的方式而定，大約是100mℓ為40～70mg。冷泡咖啡會較少，淺烘焙會較深烘焙多，義式濃縮的含量又更多些。同樣是100mℓ，紅茶的咖啡因含量為10～30mg、煎茶20～50mg、烏龍茶20～30mg、玉露茶160mg。

〔 準備物品 〕

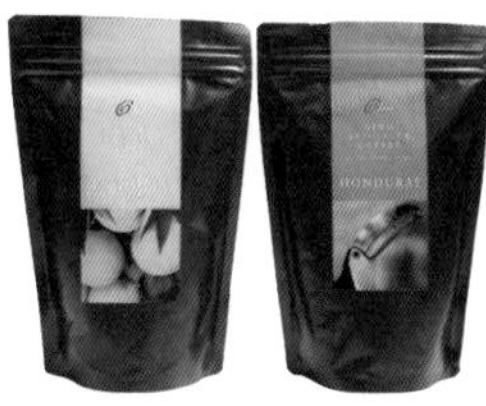

此次準備了兩支咖啡豆。左邊的是衣索比亞摩卡耶加雪菲G1，右邊則是宏都拉斯，位於海拔1700m，致力生產最高品質咖啡的蒙德西猶斯(Montecillos)莊園。

為每一支豆子準備5個玻璃杯，及品聞溼香氣、嘗味道時要用的杯測匙。每次使用後都要泡到熱水杯中攪動，洗去味道。

示範者

株式會社Gino
藤野清久

杯測國際審查員，日本侍酒師協會認定侍酒師。創辦以香氣為主題的Gino精品咖啡，於東京、沖繩、馬來西亞都有分店。

DATA

Caffe Gino
Take Away
田園調布本店

地址／東京都大田區田園調布3-25-18
東急花園廣場側本館1F
TEL／03-5483-7722
營業時間／10:00～20:00
定休／全年無休　www.ginogino.jp

TRIVIA

14

咖啡豆
直接吃
也很美味!?

有些人認為剛烘好的咖啡豆咬起來酥酥脆脆的又很香，很好吃。雖然比起喝咖啡，直接吃咖啡豆會攝取到較多的咖啡因與咖啡單寧酸（chlorogenic acid），但並不會過量（頂多增加2成）。只是剛烘好的豆子帶來的刺激會較飲用咖啡強些，平常沒有喝咖啡習慣的人或是小孩，請避免食用。就算覺得好吃，可能還是不要太過大量攝取為佳。

TRIVIA

15

罐裝咖啡
是日本的發明

1965年上市的「Mira Coffee」是世界上第一罐罐裝咖啡。之後，1969年UCC上島珈琲也開發並量產加了牛奶的罐裝咖啡，在隔年的日本萬國博覽會上大受歡迎，為隨時都可輕鬆飲用、邊走邊喝的罐裝咖啡揭開了時代的序幕。1973年食品公司POKKA完成了世界第一台可同時販售冷飲與熱飲的自動販賣機。

TRIVIA

12

阿波羅13號
與走向咖啡的路上

1970年，太空船阿波羅13號（Apollo13）執行美國太空總署（NASA）任務，在飛往月亮的軌道上發生氧氣瓶破裂的危機，所幸憑著太空人的高超危機處理能力，以及休士頓總部的幫助之下，平安回到地球。當時休士頓激勵太空人的一句話中便出現：「你們現在已走向熱咖啡的路上。」讓人想像在地球上有杯咖啡在等待他們的幸福。

TRIVIA

13

夢幻逸品
麝香咖啡

在印尼的咖啡莊園，會餵麝香貓吃成熟的咖啡果實，但對麝香貓而言，僅有可消化吸收的果實是有營養的，無法消化的種子就會被排出體外。咖啡農撿拾這些種子後洗淨、烘焙便成了麝香咖啡。麝香咖啡因稀少而價昂，在菲律賓、南印度等，麝香豆被稱為「Kape Alamid」。麝香貓因為腸道有獨特香氣的分泌物而聞名，麝香咖啡也因此有獨特香氣而成為特徵。這種香氣來自麝香貓腸內的消化酵素以及咖啡豆發酵。

裝有麝香咖啡豆的袋子。產量稀少，出貨的袋上還標有流水號。

TRIVIA

18

《咖非正義》
（*Black Gold*）

一部透過一名企圖解救貧困的咖啡工人而奔走的男子之眼，看見咖啡產業生態現實的記錄片，導演為一對年輕的英國兄弟馬克法蘭西斯與尼克法蘭斯（Marc & Nick Francis），意欲透過電影提出疑問。雖然也有專家批評「咖啡工人並非完全處於被榨取的一方，這部電影以偏頗的角度去切入取材」，然而確實很多事也透過此電影我們才知道，是一部發人深省的作品。

《咖非正義》
台灣亦有DVD發行

TRIVIA

19

咖啡
有哪些功效？

咖啡中所含的咖啡因、咖啡單寧酸具有利尿、促進胃酸分泌、血液循環、活化腦神細胞等功效，可使頭腦清醒，因此很多人習慣在讀書或是工作繁忙時喝一杯咖啡。不過也有人打出咖啡具有燃燒脂肪、幫助減肥，或是降低血壓等過度強調健康的效果，這些則是值得再商榷。

TRIVIA

16

熱愛咖啡的
文豪們

1909年由森鷗外作為顧問而創刊的文藝雜誌《*SUBARU*》，相關中心成員如北原白秋、石川啄木、高村光太郎、永井荷風等，每月在咖啡館「maison 鴻之巢」聚會，討論文藝、藝術，是為「潘之會」（譯註：潘〔Pan〕為希臘神話中的牧神，象徵著享樂），該店雖是法國餐廳，但供應了正統的咖啡，因此養出許多咖啡愛好者。其他類似的地方還有「Café Printemps」、「Café Paulista」等，也是文士們愛上咖啡的地方。在歐美，活躍於1830年代～40年代的巴爾札克也寫下了一天喝上80杯咖啡的紀錄。

TRIVIA

17

咖啡豆
藏在
咖啡櫻桃中

剛剛從樹上摘下來的咖啡櫻桃，還處於果實的狀態，所謂的咖啡豆就是這顆果實的種子，通常一顆咖啡果實之中會有兩顆種子。採收下來後，得要經過從果實中取出種子的「精製」作業，方法有水洗、日曬及半水洗等，處理後取出的種子被稱作「生豆」，生豆本身是沒有香氣的，得要經過烘焙才會產生咖啡香。

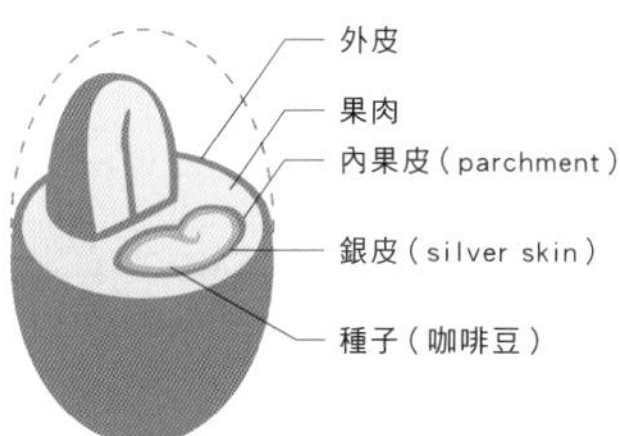

[COFFEE BEANS
STOCK GUIDE]

嚴選珍貴自家烘焙豆

咖啡豆通訊購買指南

依不同品種與烘焙度，
咖啡會展現出不同風味。
此處要介紹日本各地擁有許多死忠粉絲支持的
自家烘焙豆專賣店。

TEL FAX WEB 店舗

02 Nelson Blend

| 宮城 |

來自契作莊園
口味與品質都讓人放心

以具有甜味、香氣足的哥倫比亞豆為基底，加上有巴西政府官方認定區域之莊園契作下所產的巴西豆調和。尾韻浮現出些許的苦味，推薦給喜歡咖啡苦味的人。

香氣	★★★★
苦味	★★
醇厚	★★
酸味	★★

原產國／哥倫比亞、巴西

DATA

Nelson Coffee
ネルソンコーヒー

地址／宮城縣仙台市青葉區中山5-19-21
TEL ／ 022-303-2870
FAX ／ 022-303-2871
http://www.nelsoncoffee.com/

TEL FAX WEB 店舗

01 瓜地馬拉 番石榴莊園（Plan del Guayabo Estate）

| 北海道 |

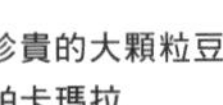

珍貴的大顆粒豆
帕卡瑪拉

擁有咖啡鑑定士資格的兩項國際認定資格烘焙師大推的瓜地馬拉咖啡。生長於原生林、斜坡面的豆子，特徵是有著果實般的鮮美與有如紅酒的醇厚口感。

香氣	★★★★★
苦味	★★★
醇厚	★★★★
酸味	★★★

原產國／瓜地馬拉

DATA

Coffee Carrot
珈琲きゃろっと

地址／北海道惠庭市惠野西1-25-2
TEL ／050-3343-5008
FAX ／0213-29-3543
http://www.coffeecarrot.com/

TEL　FAX　WEB　店舗

03 Saza Special Blend

｜茨城｜

1969年創業的 Saza Coffee 招牌咖啡

由契作莊園生產，堅持100%日曬處理，酸味、苦味、香氣與醇厚度各方面表現都十分優異。烘焙度為深焙中較輕柔的深城市烘焙（微深度烘焙），讓人放鬆的香氣，一喝就上癮。

香氣	★★★★★
苦味	★★
醇厚	★★★★
酸味	★★★

原產國／哥倫比亞、瓜地馬拉、巴西、衣索比亞

DATA

Saza Coffee
サザコーヒー

地址／茨城縣常陸那珂市共榮町 8-18
TEL／029-274-1151
FAX／029-274-1010
http://www.saza.co.jp/

TEL　FAX　WEB　店舗

04 YANAKA-COFFEETEN Original Blend

｜東京｜

不因知名度而自滿 不斷追求極致美味

以特定生產區域的巴西豆為基底，搭配注重生產者生活與莊園永續發展的尼加拉瓜豆與祕魯豆調和。也是內用特調咖啡所用的招牌豆。

香氣	★★★
苦味	★★
醇厚	★★
酸味	★

原產國／巴西、哥倫比亞、尼加拉瓜、祕魯

DATA

YANAKA-COFFEETEN
やなか珈琲店

地址／東京都千代田區神田淡路町 1-1
TEL／03-3526-6985
FAX／03-3526-6986
http://www.yanaka-coffeeten.com/

TEL　FAX　WEB　店舗

05 哥斯大黎加 塔拉珠產區 貝拉薇絲塔莊園

｜神奈川｜

點醒了深藏於內的 水果般酸味

讓人聯想到完全成熟的水果之甘甜香氣與清爽的酸味，是這支豆子的特徵。不同溫度之下風味變化多端。用的是注重生產者權益與自然環境所生產的咖啡豆，購買時若自備容器會免費多送一些。

香氣	★★★★★
苦味	★★
醇厚	★★★
酸味	★★★★

原產國／哥斯大黎加塔拉珠產區（Tarrazu）貝拉薇絲塔莊園（Finca Bella Vista）

DATA

THE FIVE ★ BEANS
ザ ファイブ★ビーンズ

地址／神奈川縣三浦郡葉山町一色 2037
TEL & FAX／046-876-1269
http://www.five-beans.com/

TEL　FAX　WEB　店舗

06 有機栽培 生豆屋 BLEND

｜神奈川｜

100%有機栽培豆 當天烘焙、寄送

使用嚴選有機生豆，於寄送日當天現烘，若是訂購生豆則增量30%。溫和的苦味為主體的招牌豆，有最引以為豪的香氣與醇厚感，整體表現有很好的均衡度。

香氣	★★★★★
苦味	★★
醇厚	★★★
酸味	★★

原產國／厄瓜多等多國

DATA

生豆屋
きまめや

地址／神奈川縣相模原市南區相南 2-24-14
TEL／042-745-7774
FAX／042-745-4979
http://www.kimameya.co.jp/

TEL | FAX | WEB | 店鋪

07 百萬石 BLEND

| 石川 |

深沉的口感與香氣 濃厚而富層次的特調豆

以加賀百萬石為名的特調咖啡，深烘焙的獨特香氣與苦味之中又透出甘甜，網購平台上有其他地方少見的稀有款，以及新鮮烘焙的無咖啡因咖啡，也很受歡迎。

香氣	★★★★
苦味	★★★★★
醇厚	★★★★
酸味	★★★★

原產國／哥倫比亞、尼加拉瓜、印尼

DATA

金澤屋珈琲店

かなざわやコーヒーてん

地址／石川縣金沢市丸之內 5-26
TEL ／076-269-1900
FAX ／076-269-1415
http://www.krf.co.jp/

TEL | FAX | WEB | 店鋪

08 有機 JAS 認證 REMIX Organic Green

| 山梨 |

乾淨烘焙※下 呈現咖啡豆原本的美味

取得 KONO 珈琲塾咖啡顧問資格的烘豆師，以美國遠紅外線 Diedrich 烘豆機烘焙，有機咖啡豆的堅實口感加上微苦的風味，和緩的酸味在口中化開，是有機 JAS 認證的原創調和咖啡豆。

香氣	★★★★★
苦味	★★★★
醇厚	★★★★
酸味	★★★

原產國／巴西、哥倫比亞、祕魯、東帝汶

※Clean Roast，指先將咖啡豆洗淨、去除雜質等，乾燥後才開始烘焙。

DATA

自家焙煎咖啡豆之 彩香房

自家焙煎珈琲豆の店 彩香房

地址／山梨縣北杜市小淵沢町上笹尾 3261-134
TEL ／0551-36-5519
FAX ／0551-36-5137
http://www.saikaboo.com/

TEL | FAX | WEB | 店鋪

09 午後的 BLEND

| 愛知 |

香醇的風味 與溫和的甘甜

讓人聯想到烤堅果的香氣及新鮮柑橘類的酸味取得絕佳平衡感的特調。建議最棒的品嘗方式是以較多的咖啡粉，以濾泡方式沖出較濃的咖啡，加奶做成拿鐵！

香氣	★★★★★
苦味	★
醇厚	★★★
酸味	★★

原產國／巴西

DATA

自家焙煎珈琲 MochaMocha

じかばいせんコーヒー モカモカ

地址／愛知縣豊田市大林町 12-3-6
TEL ／0565-26-1428
FAX ／050-3737-5007
http://www.mochamocha-coffee.com/

TEL | FAX | WEB | 店鋪

10 祕傳的 鐵人咖啡

| 大阪 |

迷人香氣與滑順口感 構成大人的口味

調和了複數款深烘焙咖啡豆，後味甜美，在口中輕柔擴散的甘美餘韻，讓人久久難忘，喝一次就上癮，許多人都是一買再買。與牛奶很搭，最適合做成拿鐵。

香氣	★★★★
苦味	★★★
醇厚	★★
酸味	★★★★

原產國／哥倫比亞、巴西、瓜地馬拉等

DATA

古川珈琲

ふるかわコーヒー

地址／大阪府大阪市北區大淀中 3-10-13
TEL ／ 06-6452-0011
FAX／ 06-6452-0228
http://www.coffeetuhan.co.jp/

TEL FAX WEB 店舖

11 Espresso Blend Basic

島根

世界級水準的
進化系義式濃縮咖啡

拿下2005年世界咖啡師冠軍賽亞軍的門脇洋之所開的咖啡店，此款咖啡有著衝擊性很強的濃厚感，紅酒般的深沉層次與乾淨俐落的後味，可享受到多種的風味變化。

香氣	★★★★★
苦味	★★★★
醇厚	★★★
酸味	★★★★

原產國／巴西、衣索比亞等

DATA

CAFÉ ROSSO beans store + cafe

カフェロッソ ビーンズストア プラス カフェ

地址／島根縣安來市門生町4-3
TEL & FAX／0854-22-1177
http://www.caferosso.net/

TEL FAX WEB 店舖

12 Gold Special Blend

廣島

最適合
作為醒腦提神用

由一群具備國際認證的咖啡品質鑑定師（Q Grader）提供的水準均一的美味。嘗一口獨家特調有如苦甜巧克力般的高雅苦味之後，緊接而來的是滿口溫柔的甜味。

香氣	★★★★★
苦味	★★★★
醇厚	★★
酸味	★★★★

原產國／哥倫比亞等

DATA

尾道浪漫珈琲

おのみちろまんコーヒー

地址／廣島縣尾道市十四日元町4-1
TEL／0848-37-6090
FAX／0848-23-3117
http://www.roman-coffee.co.jp/

TEL FAX WEB 店舖

13 我們的肯亞

福岡

最引以為傲的
是乾淨清爽的口感

散發出柑橘、黑醋栗、萊姆調的香氣，特徵是獨特酸味與甘美後味的最暢銷商品，即使是不喜歡酸味的人也很推薦。最合適的萃取方式是研磨成稍粗的顆粒，以法式濾壓法沖泡。

香氣	★★★★★
苦味	★
醇厚	★★★★
酸味	★★★

原產國／肯亞

DATA

Honey Coffee

ハニー珈琲

地址／福岡縣福岡市博多區那珂6-1-37
TEL／092-292-7668
FAX／092-292-7689
http://www.honeycoffee.com/

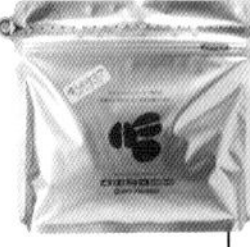

TEL FAX WEB 店舖

14 名護珈琲

沖繩

100%日本產！
來自沖繩的咖啡莊園

名護珈琲來自沖繩，是日本首家以咖啡取得農業生產法人許可的莊園。咖啡喝來清爽卻不失醇厚，並有十足的香氣，即使冷了味道也不會跑掉是另一大魅力所在。

香氣	★★★★
苦味	★★
醇厚	★★
酸味	★

原產國／日本

DATA

農業生產法人 名護珈琲

のうぎょうせいさんほうじん なごコーヒー

地址／沖繩縣那覇市古波藏2-9-14
TEL／098-855-3009
FAX／098-855-3007
http://www.nago-coffee.com/

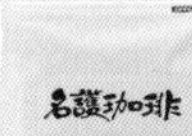

coffee dictionary

咖啡辭典

再次確認那些耳熟能詳的專業用語，
說不定原來我們都誤解了!?

咖啡帶（Coffee Belt） 以赤道為中心，南、北緯各25度的範圍繞地球一周的環狀地帶，因有適合栽種咖啡的土壤、氣候而得名。

遮蔭樹（Shade Tree） 替不喜歡陽光直射的咖啡樹提供遮蔭的樹木。以可以讓適度的陽光灑落的高大豆科樹木為佳。若周圍有遮蔭樹，便可以不必砍掉自然生長的樹木就能栽種咖啡。

收成（Crop） 指生豆的新鮮程度，依收成時間的長短又分為三種：鮮豆（new crop，1年內的收成）、舊豆（past crop，去年的收成品）、老豆（old crop，2年以上的收成品）。

鏽病 侵害咖啡葉的病害之一。2～3年間讓咖啡樹枯死的傳染病，在各產地都讓人聞之色變。

霜害 因降霜而對屬熱帶性植物的咖啡樹造成的傷害，有時甚至會使咖啡樹一夜枯死。在巴西，8月前後多霜害，也會影響到全球咖啡的供需平衡。

咖啡櫻桃（Coffee Cherry） 咖啡果實。成熟後會轉紅，看起來像是櫻桃，因而得名。

精製 將收成的咖啡果實除去外皮、果肉、內果皮、銀皮，直到烘焙前的生豆狀態之過程。處理方法主要分水洗與日曬兩種，依此形成不同的風味。

生豆 指咖啡果實經過精製、加工後取得的種子。生豆狀態下仍未有咖啡獨特的香氣。

顆粒大小（Screen） 咖啡顆粒大小的單位是為「Screen size」，篩選咖啡豆決定等級用的篩孔依大小標有數字，越大顆則數字越大。

阿拉比卡種（Arabica） 與羅巴斯塔種並列為咖啡豆的2大原始品種。世界總生產量最大的咖啡品種，約占整體的70

～80%。原產地在衣索比亞。

羅巴斯塔種（Robusta） 正式名稱為「中果咖啡羅巴斯塔」（學名：Coffea canephora）與阿拉比卡並稱2大咖啡豆原種。占總產量的20～30%。

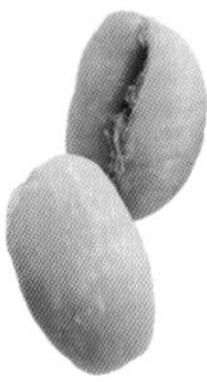

平豆（Flat Bean） 最常見的咖啡豆，與另一顆種子相對的那一面為平的，因而得名。

圓豆（Peaberry） 一顆咖啡果實裡一般會有兩粒種子，但偶爾也會出現僅有一粒的情形，此時這單一的種子會呈現獨特的圓形，因而被稱為圓豆。

手工挑選（Hand Picking） 以人工挑選咖啡豆做分類或是剔除瑕疵豆。

瑕疵豆 混在生豆之中，發育不良或是有缺陷的豆子，若沒挑出來，會為咖啡風味帶來不好的影響。有發酵、變黑、發霉、未熟豆、破碎、發育不良的貝殼豆、蟲蛀、帶殼等狀況都算瑕疵豆。

日曬處理法（Un-washed） 咖啡豆經天然日曬乾燥後，再進脫殼機去除外殼，精製成生豆的處理方法。

水洗處理法（Washed） 咖啡豆在水槽中洗去果膠後乾燥，之後再進脫殼機除去外殼，精製成生豆的處理方法。可以輕易除去雜質或未成熟豆，許多生產國家都採用此處理法。

生產履歷（Traceability） 因食品安全而生的用語，標示生產、流通之過程履歷。生產履歷咖啡是公開莊園裡的栽種狀況、所使用的農藥種類等相關資訊，有了這樣的過程才有之後的「認證咖啡」之誕生。

認證咖啡 由非營利組織團體所認證的咖啡，像是「雨林聯盟認證」（Rainforest Alliance Certified coffee）、「鳥類友好」（Bird Friendly）、「第三方監控GIP」（Good Inside Portal）、「公平交易」（fair trade）、「有機栽培」等。

咖啡因（Caffeine） 含氮的生物鹼，構成咖啡苦味的成分之一，具有興奮、提神、利尿、促進胃酸分泌的作用。

咖啡油脂（Crema） 浮在義式濃縮咖啡表層極細緻的泡沫。有人認為若這層泡沫十分結實，即使用湯匙攪拌也不易消失，便是咖啡最理想的狀態。

烘焙（Roast） 將生豆加熱，去除豆中的水分、經過化學變化後，始有咖啡獨特的風味產生。依烘焙的程度，所產生的味道也會隨著改變。烘焙時間越長、顏色越深的便稱為「深烘焙」（深焙），時間短的則為「淺烘焙」（淺焙），兩者之間為「中度烘焙」。（註：另有多種表示烘焙程度的烘焙名稱。）

烘豆機／烘焙者（Roaster） 烘焙咖啡生豆的機器。或是指烘豆者、店家。

碳燒咖啡 以碳火烘焙的咖啡。

研磨 將烘焙過的咖啡豆磨成粉。研磨出來的顆粒由細至粗共5種：「極細研磨」、「細研磨」、「中細研磨」、「中度研磨」、「粗研磨」。

磨豆機（Mill） 磨咖啡豆的器具，又分電動與手動2種。

Grinder ▸請見「磨豆機」。

單品咖啡（Straight） 只以單一品種的豆子沖煮的咖啡，相對語是混合複數品種的「調和咖啡」。

調和（Blend） 指活用複數種咖啡豆各自的特徵，調和而成的原創咖啡。依不同的調和比例形成無限的組合。相對詞為單品咖啡（Straight）。

黑咖啡（Black Coffee） 指不加牛奶或奶油的咖啡。

風味咖啡（Flavor Coffee） 在一般的咖啡上加入各種食材增添風味，代表食材有肉桂、巧克力、杏仁等。

美式咖啡（American Coffee） 最初是指美國人常喝的，以淺烘焙豆沖泡的咖啡。酸味強，苦味不明顯，不加糖或奶直接飲用，很多人會拿來當水喝是為特徵。常被誤認為是一般咖啡以熱開水調淡就是美式咖啡。

義式濃縮咖啡（Expresso） 將烘焙得較深的咖啡豆磨成細粉，藉蒸氣壓力短時間萃取的咖啡液。通常會以濃縮咖啡杯飲用。順帶一提，expresso的「ex」並非指「s size」，而是因為是短時間內萃取，借取了義大利語的「急速進行」之意而名之。

濾杯（Dripper） 讓咖啡通過濾紙萃取咖啡液的器具，用這樣的方式沖出來的咖啡也叫做「濾泡咖啡」。

濾紙沖煮法 使用濾紙沖泡咖啡的方法之一。

滲濾咖啡壺（Percolator） 壺型循環式萃取器具。可以使用咖啡便利包、直接在火源上加熱等，常在戶外等情況下使用。

法蘭絨濾泡　使用法蘭絨布的濾網萃取咖啡，能引出咖啡的風味，將微小粒子留在濾網上，使得口感更加細緻。咖啡粉的研磨度由中度研磨到粗研磨都適用。

法式濾壓（French Press）　將磨好的咖啡粉與熱水裝進專用的容器裡，加壓以萃取咖啡。因保留了咖啡的油脂，口味較為厚重紮實。

虹吸壺（Syphon，塞風壺）　以玻璃漏斗（上杯）、濾網、咖啡壺（下壺）所組成的萃取工具。咖啡壺中裝水加熱，沸騰時，水會移往上方的玻璃漏斗，與裡面的咖啡粉接觸而萃取咖啡液，是一種利用空氣壓力原理的沖煮方法。

冷泡咖啡　將咖啡粉浸泡在冷水中，慢慢融入水中萃取的咖啡。雖然很花時間，但可嘗到不經過加熱的咖啡美味。亦稱為Water Drip。

濃縮咖啡杯（Demitasse）　喝義式濃縮咖啡時所使用的小咖啡杯，容量僅約一般咖啡杯的一半（70～80cc）。

咖啡師（Barista）　義大利的咖啡館（bar）裡，沖煮濃縮咖啡的人，擁有豐富的技術與知識，能提供專業咖啡者。在日本於咖啡專賣店工作，專職於咖啡沖煮上的人也稱作咖啡師。現在也有專門學校開設咖啡師科，培養專業人材。

溼香（Aroma）　咖啡特有的香氣，為了徹底理解咖啡的個性，評價香氣在不同階段時的表現又細分成三種名稱：在烘焙或研磨時所散發的咖啡香，則稱為「乾香」（fragance）；萃取咖啡液時的香氣則為「溼香」；而將咖啡液含在口中所感受到的咖啡香，則以「香味」（flavor）來表現。

FOOD DICTIONARY

咖啡

國家圖書館出版品預行編目資料

FOOD DICTIONARY 咖啡 / 枻出版社編輯部 著；
王淑儀 譯
- 初版 . -- 臺北市：大鴻藝術 , 2017.8
192 面；15×21 公分 --（藝 生活；19）
ISBN 978-986-94078-6-1（平裝）

1. 咖啡

427.42　　　　106010492

藝生活 019
作　　者｜枻出版社編輯部
譯　　者｜王淑儀
責任編輯｜賴譽夫
設計排版｜L&W Workshop

主　　編｜賴譽夫
行銷企劃｜林予安
發 行 人｜江明玉
出版、發行｜大鴻藝術股份有限公司｜大藝出版事業部
台北市 103 大同區鄭州路 87 號 11 樓之 2
電話：(02) 2559-0510　傳真：(02) 2559-0502
E-mail：service@abigart.com
總 經 銷｜高寶書版集團
台北市 114 內湖區洲子街 88 號 3 樓
電話：(02) 2799-2788　傳真：(02) 2799-0909
印　　刷｜韋懋實業有限公司
新北市 235 中和區立德街 11 號 4 樓
電話：(02) 2225-1132

2017 年 8 月初版　　Printed in Taiwan
2022 年 7 月初版 5 刷
定價 340 元　　ISBN 978-986-94078-6-1

最新大藝出版書籍相關訊息與意見流通，請加入 Facebook 粉絲頁
http://www.facebook.com/abigartpress